智能变电站二次设备典型缺陷分析与处理

国网浙江电力调度控制中心
国网杭州供电公司 组编

徐祥海 主编

吴靖 唐剑 侯伟宏 副主编

中国电力出版社
CHINA ELECTRIC POWER PRESS

内 容 提 要

本书以 Q/GDW 441—2010《智能变电站继电保护技术规范》等相关标准为依据，以智能变电站二次设备缺陷分析与处理为主线，结合智能变电站继电保护安装、调试、运行维护实践经验，系统介绍了智能变电站继电保护系统基本原理及典型配置方案、安全措施隔离技术与实施原则等内容，详细分析了智能变电站二次回路的典型故障与缺陷，并针对性地提出了相关异常处理方案。

本书可作为从事智能变电站设备监控、运维、检修的工程技术人员的参考书，还可作为继电保护、调度运行岗位人员的培训用书。

图书在版编目（CIP）数据

智能变电站二次设备典型缺陷分析与处理/国网浙江电力调度控制中心，国网浙江省电力公司杭州供电公司组编．—北京：中国电力出版社，2018.9（2023.4 重印）

ISBN 978-7-5198-2345-0

Ⅰ.①智… Ⅱ.①国…②国… Ⅲ.①智能系统—变电所—二次系统—缺陷—分析 Ⅳ.①TM63

中国版本图书馆 CIP 数据核字（2018）第 193437 号

出版发行：中国电力出版社
地　　址：北京市东城区北京站西街 19 号（邮政编码 100005）
网　　址：http://www.cepp.sgcc.com.cn
责任编辑：陈　硕（010-63412532）
责任校对：黄　蓓　常燕昆
装帧设计：王英磊　郝晓燕
责任印制：钱兴根

印　　刷：北京九州迅驰传媒文化有限公司
版　　次：2018 年 9 月第一版
印　　次：2023 年 4 月北京第五次印刷
开　　本：710 毫米×1000 毫米　16 开本
印　　张：12.5
字　　数：179 千字
定　　价：56.00 元

编　委　会

前言

智能变电站作为智能电网的重要组成部分，是智能电网研究与实施的基础，也是智能电网建设的关键环节。国家电网公司通过不断的技术革新、工程试点和智能化改造，在技术研究、产品研制、标准制定等方面取得了显著成果，在工程建设、检测调试和运行维护等方面积累了丰富经验，在工程化、实用化等方面已处于国际领先。

与常规变电站相比，智能变电站以功能集成化、结构紧凑化、占地节约化为目标，采用了电子式互感器、合并单元、智能终端等新设备，在经济、节能、环保等方面优势显著。但与此同时，也面临着二次设备硬件种类多、逻辑不可视、故障排查难，二次回路中间环节多，安全隔离措施复杂，作业安全风险高等问题。由于合并单元、智能终端、交换机、电子式互感器、保护装置、时间同步装置等存在硬件故障率高、软件缺陷多等问题，如何提升缺陷分析与处理效率对保障智能变电站安全稳定运行至关重要。

本书以 Q/GDW 441—2010《智能变电站继电保护技术规范》等相关标准为依据，以智能变电站二次设备缺陷分析与处理为主线，结合智能变电站继电保护安装、调试、运行维护实践经验，系统介绍了智能变电站继电保护系统基本原理及其典型配置方案、安全措施隔离技术与实施原则等内容，重点围绕保护装置、合并单元、智能终端、交换机、备自投、故障录波器、保信子站、GPS 等继电保护与安全自动装置，详细分析了智能变电站二次回路的典型故障与缺陷，并针对性地提出了相关异常处理方案。本书力求概念清晰、覆盖全面、贴近实际、注重实用，旨在帮助运检专业人员深入了解智能变电站继电保护运维技术，提升日常维护水平、综合分析与处理缺陷的能力，打造高素质专业队伍。本书对指导智能变电站设备监控、运维、检修工作具有较强的实用性，同时可作为继电保护、调度运行岗位培训用书。

本书由国网浙江电力调度控制中心和国网杭州供电公司组织编写，编写过程中得到了国网浙江省电力公司相关人员的大力支持，在此致以衷心的感谢！

由于新技术不断发展，加之编写人员水平有限，书中难免有疏漏和不足之处，敬请专家和读者批评指正。

编者

2018 年 8 月

目录

第1章 智能变电站概述

进入新世纪以来，全球气候变化、能源短缺、经济发展等问题日益突出，是当前电力行业发展亟需面对和解决的问题，而建设智能电网已成为现实选择。为更好地支撑智能电网发展，作为基础环节和重要部分的智能变电站发展规划随之被提出。国家电网公司通过开展技术研究、产品研制、标准制定、工程建设、检测调试和运行维护等相关工作，为智能变电站建设提供了技术保障。

2009年国家电网公司正式提出智能电网的发展规划后，“智能变电站”这一名称及定义才由官方和学术界共同认可并逐步推广。国家电网公司同步发布了企业标准《智能变电站技术导则》，对智能变电站进行了明确定义。2012年，该标准修订更新后作为国家标准正式发布，其定义及内涵为：采用可靠、经济、集成、节能、环保的设备与设计，以全站信息数字化、通信平台网络化、信息共享标准化、系统功能集成化、结构设计紧凑化、高压设备智能化和运行状态可视化等为基本要求，能够支持电网实时在线分析和控制决策，进而提高整个电网运行可靠性及经济性的变电站。该定义作为智能变电站顶层设计，对智能变电站的发展思路和建设理念提出了系统性要求，为智能变电站的发展建设提供了理论支撑。

近年来，随着IEC 61850标准的实施、电子式互感器的实用化、光纤网络通信技术的采用以及智能一次设备的出现等，智能变电站的研究和建设在全国范围内如火如荼地展开。通过不断的技术革新、工程试点和智能化改造，我国在智能变电站的工程化和实用化方面已处于国际领先，也印证了国家电网公司当前发展思路和建设模式的正确性。据统计，截至 2016 年底，国家电网公司已建成智能变电站近 4000 座，颁布智能变电站相关标准百余项。

1.1 发展历程

智能变电站是电网运行数据的采集源头和命令执行单元，贯穿智能电网建设的整个过程。截至目前，国家电网公司的智能变电站发展总体可分为三个阶段。

第一阶段：智能变电站建设初期。

2009 年 5 月，国家电网公司开始建设智能变电站，采用了大量新技术、新设备、新材料、新工艺及新设计。通过试点建设，实现了多个电压等级变电站从数字化向智能化升级试验和改造，对智能变电站典型模式和重点运行环节进行实验和摸索，探索了常规采样＋GOOSE 跳闸、网采网跳、直采直跳等三种典型继电保护组成模式，进行了智能变电站继电保护系统的静态和动态性能测试，比较了智能变电站与传统变电站继电保护的差异，为智能变电站运行维护和检修提供了参考依据。通过构建智能变电站过程层和站控层两层的网络，提出了智能终端、保护装置、录波装置和保护信息子站等设备的接入方式；在研究智能变电站故障情况下的状态和网络性能的基础上，明确了智能变电站中各装置的性能要求。

以浙江电网为例，其代表性智能变电站为：2009 年，500kV 兰溪变创新系统网络结构、GOOSE 回路设计规范，大量应用户外智能终端、光纤网络；2010 年，110kV 田乐变电站试点应用电子互感器，完全网采网跳；2011 年，220kV 云会变全站采用电子互感器，直采直跳模式，单间隔保测一体化，就地化应用预制式光纤。

第二阶段：智能变电站大规模建设和改造推进期。

2012 年，国家电网公司提出建设高可靠性经济节约型的智能变电站，不再仅强调新技术的应用，开始兼顾建设成本。在继承上一阶段智能变电站设计、建设及运行经验的基础上，深入梳理智能变电站面临的需求和问题，科学开展顶层设计，提出了智能变电站近、远期发展规划与技术路线，引领技术创新、设备的创新发展，设计建设紧凑型、经济型、零污染型、能源节约型的变电站，推动变电站工程建设水平由“技术追赶”向“技术引领”方向转换。

在通过多手段对智能变电站的安全措施、可靠性建设进行深入探索分析后，该阶段普遍采用直采直跳模式，保护装置不依赖外部对时、不依赖网络交换机完成其功能，提高了保护的可靠性；间隔保护独立配置，方便运维检修，提高了保护的独立性。同时，加快智能变电站改扩建技术研究与试点工程，浙江省 220kV 云会变电站开展了国内首次继电保护不停电校验，对直采直跳模式的可靠性和安全性进行了验证；500kV 芝堰变电站的扩建工作中，采用隔离间隔 GOOSE 交换机技术，实现了可不修改母线配置的智能变电站扩建方式，为消除智能变电站扩建改造过程中 GOOSE 网运行障碍提供了实例。

第三阶段：新一代智能变电站研究与试点。

新一代智能变电站采取就地、站域、广域多级保护控制，实现电网全范围功能覆盖。在时间上相互衔接不同需求协同实现，保护功能与控制功能综合优化实现，从保护设备到保护电网。按照“系统高度集成，结构布局合理，装备先进适用，经济节能环保，支撑调控一体”的总体要求，在确保智能变电站可靠性与安全性的基础上，以“性能提升、技术先进、运行可靠、功能整合、应用智能、标准规范、支持调控”为目标。

继电保护系统总体框架基于多维度信息的层次化保护系统，空间维度上形成就地层、站域层和广域层三层体系；时间维度上各层各有侧重，同时在时间上相互衔接，实现保护与安控系统的协同控制。就地层保护独立、分散实现其保护功能；站域层保护利用全站信息优化保护性能；广域层保护利用广域信息，优化站域层和就地层保护功能。三层保护协调配合，构成以就地层保护为基础，站域层保护与广域层保护为补充的多维度层次化继电保护系统。2015 年 3 月，浙江省 220kV 枫桥变投运开启了新一代智能变电站的新篇章。

1.2 技术特征

智能变电站具有信息数字化、功能集成化、结构紧凑化、状态可视化等重要特征，能够为智能变电站安全运行和故障诊断提供多源多维的数据支撑。智能变电站的具体技术特点如下：

（1）一次设备智能化。随着基于光学或电子学原理的电压互感器、电流互感器和智能断路器的使用，常规模拟信号和控制电缆将逐步被数字信号和光纤代替，测控、保护装置的输入输出均为数字通信信号，变电站通信网络进一步向现场延伸，现场的采样数据、开关状态信息能在全站甚至广域范围内共享。

（2）全站信息数字化。实现一、二次设备的灵活控制，且具备双向通信功能，能够通过信息网进行管理，满足全站信息采集、传输、处理、输出过程完全数字化。

（3）通信平台网络化。变电站内采用高速光纤以太网互联，实现标准化的网络通信体系。

（4）信息共享标准化。基于 IEC 61850 的标准统一标准化信息模型，实现站内外信息共享。数字化变电站将统一、简化变电站的数据源，形成基于同一断面的唯一性、一致性基础信息，通过统一标准、统一建模来实现变电站内外的信息交互和信息共享，可以将常规变电站内多套孤立系统集成为基于信息共享基础上的业务应用。

（5）高级应用互动化。实现变电站内各种互动化的高级应用，全面满足智能电网运行、控制要求。

按照 Q/GDW 383—2009《智能变电站技术导则》要求，智能变电站采用“三层两网”结构。“三层”即过程层、间隔层、站控层，“两网”即过程层网络、站控层网络。智能变电站典型网络架构如图 1.1 所示。

（1）过程层包括变压器、断路器、隔离开关、电流/电压互感器等一次设备

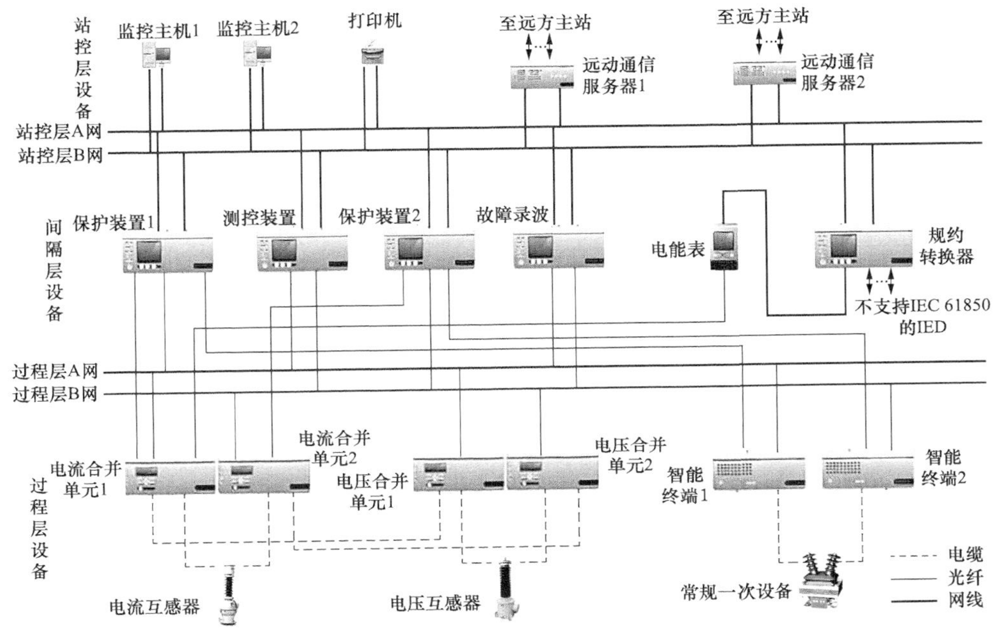

图 1.1　智能变电站典型网络架构

及其所属的智能组件以及独立的智能电子装置。

(2) 间隔层包括继电保护装置、系统测控装置、监测功能组主 IED 等二次设备，实现使用一个间隔的数据并且作用于该间隔一次设备的功能，即与各种远方输入/输出、传感器和控制器通信。

(3) 站控层包括自动化站级监视控制系统、站域控制、通信系统、对时系统等，实现面向全站设备的监视、控制、告警及信息交互功能，完成数据采集和监视控制（SCADA)、操作闭锁以及同步相量采集、电能量采集、保护信息管理等相关功能。

(4) 站控层网络通过 MMS 报文传输远方分合闸命令、闭锁逻辑、遥测、遥信等信息。

(5) 过程层网络通过 SV 报文传递电流、电压采样值，GOOSE 报文传递保护跳合闸命令、闭重、一次设备状态等信息。

与常规变电站相比，智能变电站能够完成范围更宽、层次更深、结构更复杂的信息采集和信息处理，变电站内、站与调度、站与站之间、站与大用户和分布式能源的互动能力更强，信息的交换和融合更方便快捷，控制手段更灵活可靠，符合易扩展、易升级、易改造、易维护的工业化应用要求。智能变电站技术优势见表1.1。

表1.1　智能变电站的技术优势

领域	技术特点	优势体现
规划设计建设	减少占地面积，节省电缆材料	体现资源节约
	新技术、新结构、新材料，降低污染	体现环境友好
	模块化、标准化，易于改扩建	体现工业化
	统一规约，统一信息平台	设备集成，降低投资
运行检修	高度自动化、信息化，顺序控制，站域控制等应用	提高运行效率和水平
	在线监测，设备状态可视化，实现状态检修，校验自动化、远程化	提高设备管理水平
调度	全景数据共享，分析决策控制技术，状态估计，源端维护等高级应用	丰富强化对调度的职称
电源	厂网信息交互及管控	厂网协调
	即插即退技术	可再生能源接纳
相邻变电站	区域集控	实现分布协同控制

与常规变电站相比，智能变电站具有一次设备智能化、二次设备网络化等特点。其中，一次设备智能化体现在智能断路器、智能变压器和光电式互感器等方面；二次设备网络化体现在保护、测控、远动、故障录波器等装置全部基于标准化、模块化的微处理机设计制造，设备之间的连接全部采用高速的网络通信，真正实现了数据与资源共享，如图1.2所示。

在智能变电站中，合并单元是用以对来自二次转换器的电流或电压数据进行

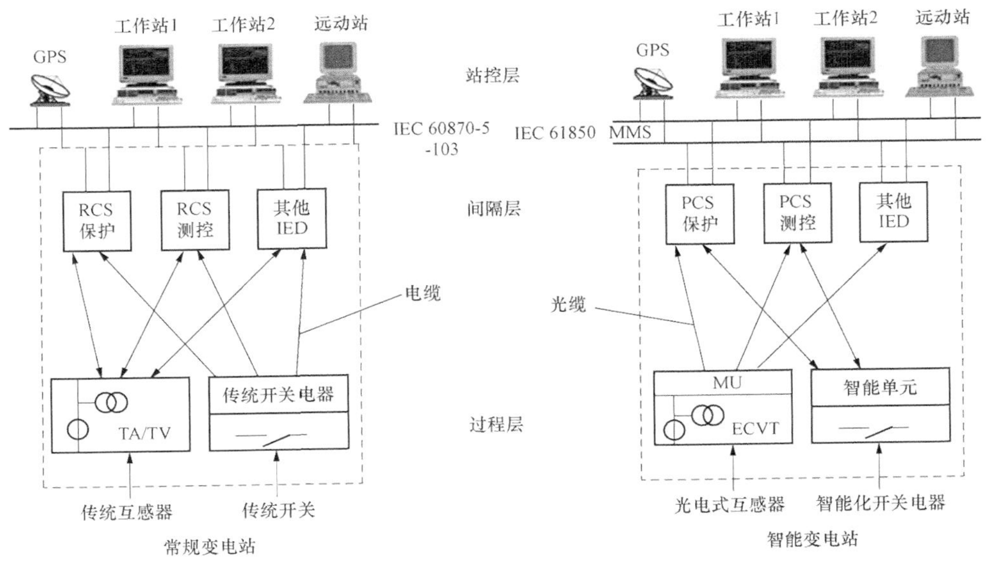

图1.2　常规变电站与智能变电站的主要区别

时间相关组合的物理单元；智能终端就地实现高压开关设备的遥信、遥控、保护跳闸等功能，并通过基于IEC 61850标准的通信接口实现与过程层的通信功能。

全站系统配置文件（Substation Configuration Description，SCD）是确保变电站安全稳定运行的前提，其描述了所有智能电子设备的实例配置和通信参数、智能电子设备之间的通信配置以及变电站一次系统结构，由系统集成厂商完成。SCD包含版本修改信息，明确描述修改时间、修改版本号等内容。面向通用对象的变电站事件（Generic Object Oriented Substation Event，GOOSE）是一种通信服务机制，主要用于实现在多智能电子设备之间的信息传递，包括一次设备的操控及二次设备间的闭锁与联动等。SV（Sampled Value）是过程层与间隔层设备之间通信的重要组成部分，通过GB 20840《互感器》、IEC 61850-9-2等相关标准规范SV信息通信过程，交换采样数据集中的采样值的相关模型对象和服务，以及这些模型对象和服务到ISO/IEC 8802-3帧之间的映射。

由于设备之间连接介质由光缆替代了传统的电缆，电信号被转换成了数字信号，二次回路变成“虚回路”。与传统变电站相比，智能变电站在运行维护方面发生了以下改变：

（1）检修压板作用。常规变电站中保护装置和测控装置的检修压板是装置进行检修试验时屏蔽软报文和闭锁遥控的，不影响保护动作、就地显示和打印等功能。智能变电站保护装置的检修压板作用是，检修时将检修设备与运行设备可靠隔离。保护、测控、合并单元和智能终端都设有检修压板，只有当两两一致时，才将信号进行处理或动作，不一致时报文视为无效，不参与逻辑运算。

（2）软压板。智能变电站仅保留了检修硬压板和远方操作硬压板，传统保护屏上的跳合闸硬压板、功能硬压板被后台监控系统界面上的“软压板”所取代，包括 GOOSE 发送软压板、GOOSE 接收软压板、功能投入软压板；电流量采用通过 SV 接收软压板进行投退。断路器跳、合闸硬压板在全站设置成唯一，所有的保护装置跳合闸必须经过智能控制柜内的跳、合闸压板去实现。

（3）二次设备巡视。在智能变电站中，二次设备的网络化，使数据被装置共享。单个合并单元采集的电流、电压信息可以同时给线路保护（主变❶保护）、母线保护、测控装置所使用。智能终端采集的断路器、隔离开关信息在 GOOSE 网络中共享给测控装置、保护装置、合并单元。这类装置发生故障时影响范围较大，等同于一次设备故障处理。

（4）GPS 对时的作用。常规变电站 GPS 系统作用是确保全站时间一致性，以便于故障分析。智能变电站 GPS 系统的时间同步关系到数字保护功能的可靠性、动作正确性，以及正确分析处理事故的能力，它是实现站域、区域实时控制的安全策略基础。与常规变电站相比，GPS 对时系统地位更加重要。

❶ 主变压器简称主变。

第 2 章　智能变电站继电保护信息流

2.1　继电保护系统典型配置

2.1.1　智能变电站继电保护信息流分类

1. SV 信息流

IEC 61850 中提供了采样测量值（Sampled Measured Value，SMV）相关的模型对象和服务，一般也称为 SV（Sampled Value），基于发布/订阅机制，交换采样数据集中的采样值的相关模型对象和服务，以及这些对象和服务到 ISO/IEC 8802 - 3 帧之间的映射。在智能变电站应用中，SV 可以简单理解为用于实现采样功能。

2. GOOSE 信息流

IEC 61850 中定义了通用变电站事件（Generic Substation Event，GSE）模型，该模型提供了在全系统范围内快速可靠地输入/输出数据的功能。GSE 分为两种不同的控制类和报文结构：

（1）面向通用对象的变电站事件（Generic Object Substation Event，GOOSE)，支持由数据集（Data Set）组织的公共数据交换；

（2）面向变电站通用状态事件（Generic Substation State Event，GSSE)，用于传输状态变位信息（双比特）。

面向通用对象的变电站事件 GOOSE 是 IEC 61850 标准的重要特点，具有优先级控制的以太网传输，是目前应用的规约如 IEC 61870 - 5 - 104 等所不具备的。

GOOSE 提供了高效率地实现 IED 间直接通信的可能。GOOSE 基于发布/订阅机制，快速和可靠地交换数据集中的通用变电站事件数据值得相关模型对象和服务，以及这些模型对象和服务到 ISO/IEC 8802-3 帧之间的映射。在智能变电站应用中，可以简单理解为用于实现开入开出功能。

2.1.2 智能变电站采样跳闸方式

智能变电站的采样方式包括直采与网采两种，跳闸方式包括直跳与网跳两种，常见的采样跳闸方式包括直采直跳、直采网跳和网采网跳。其中，直采是指智能电子设备间不经过交换机而以点对点连接方式直接进行采样值传输；直跳是指智能电子设备间不经过交换机而以点对点连接方式直接进行跳合闸信号的传输；网采是指智能电子设备间经过交换机的方式进行采样值传输共享；网跳是指智能电子设备间经过交换机的方式进行跳合闸信号的传输。国网公司《智能变电站技术导则》中强调坚持保护直采直跳的原则，因此目前国网智能变电站普遍采用直采直跳的方式，少部分跳闸信号，如备自投装置跳母分，可以采用网跳的形式。

直采和网采的主要区别见表 2.1。

表 2.1　　直采与网采比较

类型	直　接　采　样	网　络　采　样
延时与同步	采样传输延时短，保护动作速度快	采样值传输延时比直采长，保护动作速度受影响
	采样传输延时稳定	网络延时不稳定
	采样同步由保护完成，不依赖于外部时钟，可靠性高	采样同步依赖于外部时钟，一旦时钟丢失或异常，将导致全站保护异常，可靠性低

续表

类型	直　接　采　样	网　络　采　样
与交换机的联系	采样值传输过程中无中间环节，简单、直接、可靠	在采样回路增加了交换机的有源环节，降低保护系统可靠性
	不依赖交换机	对交换机的依赖太强，对交换机的技术要求极高
	各间隔保护功能在采样环节（天然的）独立实现，可靠性高	使多个不相关间隔保护系统产生关联单一元件（交换机），故障时会影响多个保护运行
	检修、扩建不影响其他间隔的保护（在采样环节）	交换机配置复杂，检修、扩建中对交换机配置文件修改或 VLAN 划分调整后，需要停役相关设备或网络进行验证，验证难度大，同时扩大了影响范围，运行风险大
光纤回路	合并单元、变压器、母线保护装置光口较多，需要解决散热等问题	二次光纤数量较少
成本	投资成本两者相当（交换机成本减少；光纤数量较多；主设备保护装置、合并单元成本增加）	投资成本两者相当（交换机投资成本较大）
	光纤数量多，断链频率较高，增加了一定的维护成本	光纤断链频率较低

直跳与网跳的主要区别与直采与网采的主要区别类同，相对于直采和网采的差别，SV 采样信息流量大，对网络可靠性要求更高。后文中间隔典型配置及缺陷处理均采用直采直跳的配置方法。

2.2　线路保护间隔典型配置

线路保护装置的功能包括差动保护功能、距离保护功能（接地距离及相间距离）、零序保护功能、重合闸功能、手合加速功能、启动失灵功能和远跳功能等。

以 220kV 线路光纤差动保护装置为例，完成各类保护功能，所需采集的

GOOSE 及 SV 信息如下：

（1）完成差动保护功能，需要采集断路器位置信息，用作向对侧发差动动作允许信号，各相差动元件需要采集电流模拟量信息以进行差动电流计算；

（2）完成距离保护功能，需要采集断路器位置信息以判断是否手合于故障，此外还需要采集各相的电压和电流模拟量以进行距离保护计算；

（3）完成零序保护功能，需要采集断路器位置信息以判断是否手合与故障，此外还需要采集各相的电压和电流模拟量以进行故障量计算；

（4）完成重合闸功能，需要采集断路器位置信息、线路电压及母线电压模拟量、电流模拟量，还需要采集低气压闭锁重合闸信号，共同进行重合闸逻辑判断；

（5）完成手合加速功能，除采集采样信息外还需要采集断路器位置信息；

（6）完成启动失灵功能需要向母线保护装置发送启动失灵信号；

（7）完成远跳功能需要从母线保护保护装置接收远跳信号；

（8）完成跳合闸功能，线路保护装置需要向智能终端发出跳合闸命令。

线路保护典型配置与网络联系图如图 2.1 所示，信息流见表 2.2。

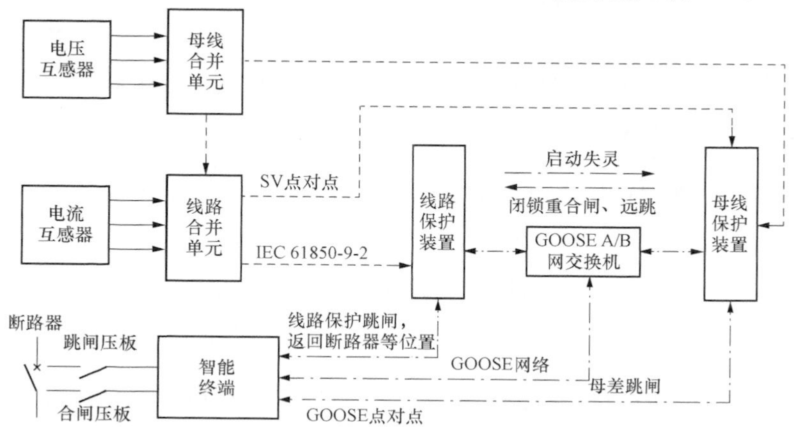

图 2.1　线路保护典型配置与网络联系示意图

-----表示 SV 信息流；—·— 表示 GOOSE 信息流

表 2.2 线路保护间隔信息流

信息流类型	信息发送方	信息接收方	传输信息
SV	线路合并单元	线路保护	电流电压采样信息
GOOSE	线路保护	线路智能终端	跳闸信号
GOOSE	线路保护	线路智能终端	重合闸信号
GOOSE	线路智能终端	线路保护	断路器位置
GOOSE	线路智能终端	线路保护	闭锁重合闸信号
GOOSE	线路保护	母线保护	启动失灵信号
GOOSE	母线保护	线路保护	闭锁重合闸信号
GOOSE	母线保护	线路保护	永跳信号

目前智能变电站线路保护典型配置方法如下：

（1）母线合并单元通过电缆采样获取母线电压采样信息；

（2）线路合并单元与母线合并单元级联，从母线合并单元获取电压 SV 采样信息，通过电缆采样获取间隔电流采样信息及线路同期电压；

（3）线路保护装置通过直采的方式从线路合并单元获取电压电流采样信息，通过 GOOSE 网络，从智能终端获取断路器位置、低气压闭锁重合闸等信号，同时向智能终端发送跳闸信号、重合闸信号及闭锁重合闸等信号；向母线保护装置发送分相启动失灵信号，并接收母线保护装置永跳及闭重信号。

上述信号中，采样与跳闸信号采用直采直跳的形式，不经过交换机，而线路保护装置与母线保护装置之间的 GOOSE 信号采用网络形式，通过交换机进行传输。

以上信息流为 220kV 线路保护间隔信息流，110kV 线路保护与 220kV 线路保护信息流的差别主要在于：

(1) 110kV线路装置保护跳闸、断路器位置信号不分相，而220kV线路保护跳闸、断路器位置信号分相；

(2) 110kV线路保护装置不向母线保护装置发送启动失灵信号，而220kV线路保护装置具备启动失灵的功能；

(3) 110kV线路保护装置无需接收母线保护装置发送的远跳信号。

2.3 主变保护间隔典型配置

主变保护装置的功能包括差动保护功能、后备保护功能和启动失灵及失灵联跳功能等。

以220kV变压器保护装置为例，完成各类保护功能，所需采集的GOOSE及SV信息如下：

(1) 完成差动保护功能，需要采集电流模拟量信息进行差流计算；

(2) 完成复合电压闭锁方向过流功能需要采集电压和电流模拟量信息，判断故障电流的幅值及方向是否满足出口条件；

(3) 零序方向过流、阻抗保护等后备保护功能所需采集信息类似；

(4) 完成失灵联跳功能需要从母线保护接收失灵联跳信息并采集电流模拟量信息判断是否满足出口判据；

(5) 启动失灵功能需要向母线保护发送启动失灵及解除复压闭锁信号；

(6) 完成跳闸功能，主变保护装置还需要向智能终端发出跳闸命令。

主变保护典型配置与网络联系示意图如图2.2所示，信息流见表2.3。

目前智能变电站保护典型配置中方法为：

(1) 母线合并单元通过电缆采样获取母线电压采样信息；

(2) 主变各侧合并单元与母线合并单元级联，从母线合并单元获取各侧电压SV采样信息，通过电缆采样获取各侧电流采样信息；

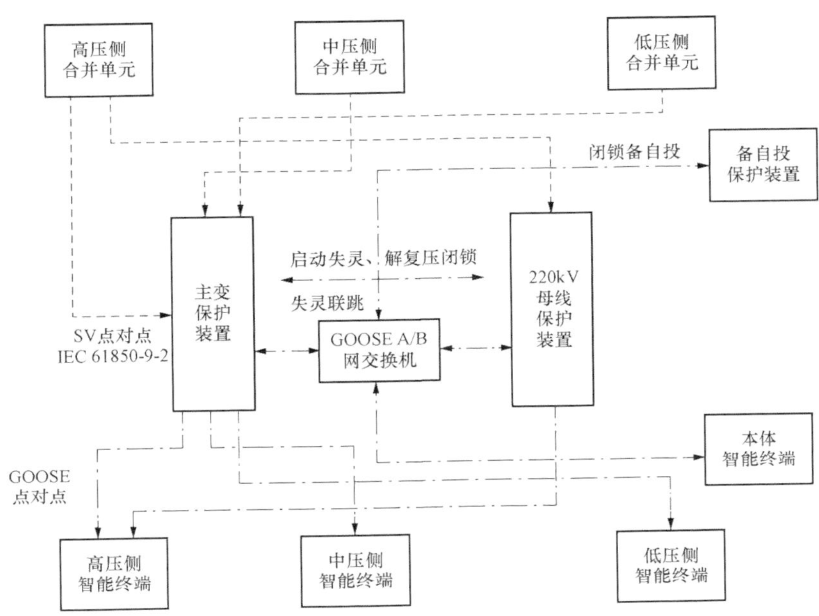

图 2.2　主变保护典型配置与网络联系示意图

-----表示 SV 信息流；—·— 表示 GOOSE 信息流

表 2.3　　主变保护间隔信息流

信息流类型	信息发送方	信息接收方	传输信息
SV	各侧合并单元	主变保护	电流电压采样信息
GOOSE	主变保护	各侧智能终端	跳闸信号
GOOSE	主变保护	母联（分段）智能终端	跳闸信号
GOOSE	主变保护	备自投装置	闭锁备自投信号
GOOSE	主变保护	母线保护	启动失灵信号及解除复压闭锁信号
GOOSE	母线保护	主变保护	失灵联跳信号

（3）主变保护装置通过直采的方式从主变各侧合并单元获取电压电流采样信息，通过 GOOSE 网络向各侧智能终端发送跳闸信号，向母联（分段）智能终端发送跳闸信号，向备自投装置发送闭锁备投信号，向母线保护装置发送启动失灵信号（目前智能变电站中，启动失灵信号与解除复压闭锁信号合成为同一个信号），从母线保护装置接收失灵联跳信号。

以上信号中，启失灵及失灵联跳信号仅存在于220kV主变高压侧，主变保护装置与各侧合并单元、智能终端的采样与跳闸信号采用直采直跳的形式，主变保护装置与母线保护装置和备自投装置间的GOOSE信号，通常通过交换机传输，主变保护装置与母联（分段）智能终端间的跳闸信号可以采用直跳或网跳形式。

2.4 母线保护间隔典型配置

母线保护装置的功能包括差动保护功能、失灵保护功能、母联失灵与母联死区保护功能等。

以220kV母线保护装置为例，完成各类保护功能，所需采集的GOOSE及SV信息如下：

（1）完成差动保护功能，需要采集各支路的电流模拟量信息进行差流计算，采集母线的电压模拟量信息以进行复合电压闭锁的判断，同时还需采集各支路的隔离开关位置信息以识别当前的运行方式。

（2）完成母联失灵保护功能，需要采集母联支路的电流模拟量信息进行故障判断，采集母线电压模拟量信息进行复合电压闭锁。

（3）完成母联合位死区保护功能，需要采集各支路的电流模拟量信息及母联联络的位置信息。

（4）完成母联分位死区保护功能，需要采集母线的电压模拟量信息，以判断母线是否处于运行状态；还需采集母联的电流模拟量信息及母联的断路器位置信息。

（5）完成线路支路断路器失灵保护功能，需要采集线路间隔的启失灵信号，对应间隔的电流模拟量进行失灵判别，母线的电压模拟量信息进行复压闭锁。

（6）完成主变支路断路器失灵保护功能，需要采集主变间隔的启失灵信号、解除复压闭锁信号及对应间隔的电流模拟量信息。

（7）完成远跳功能，需要向线路保护装置发送远跳信息。

（8）完成跳闸功能，母线保护需向各间隔智能终端发送跳闸命令。

母线保护典型配置与网络联系示意图如图 2.3 所示，信息流见表 2.4 所示。

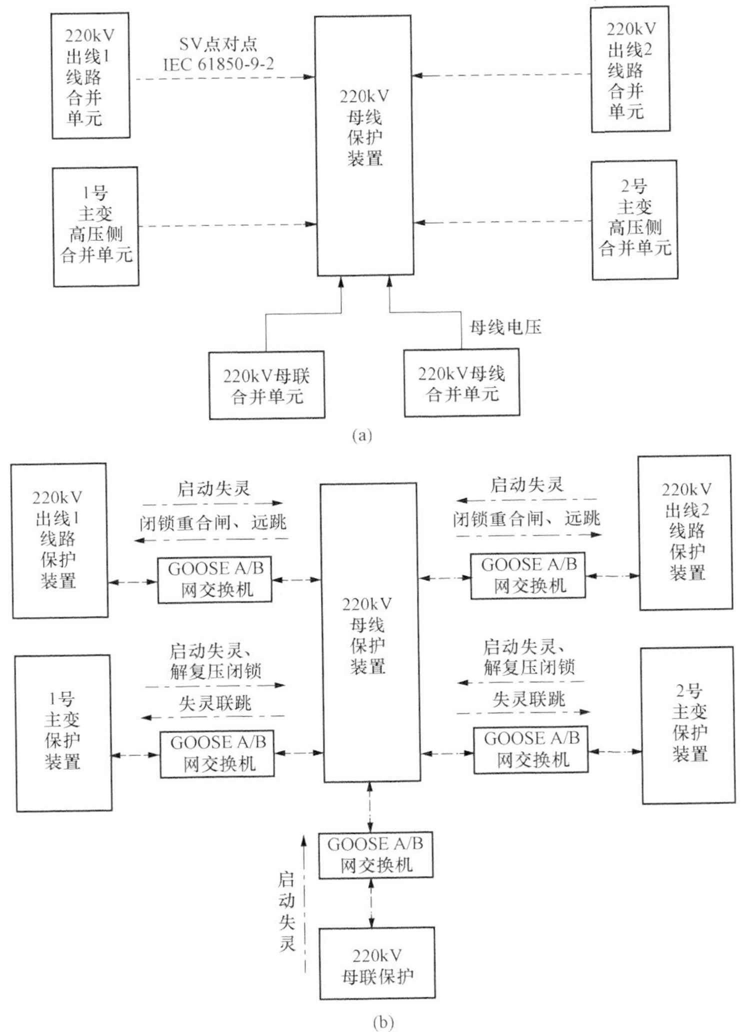

图 2.3　母线保护典型配置与网络联系示意图（一）

（a）母线保护 SV 信息流；（b）母线保护 GOOSE 信息流 1

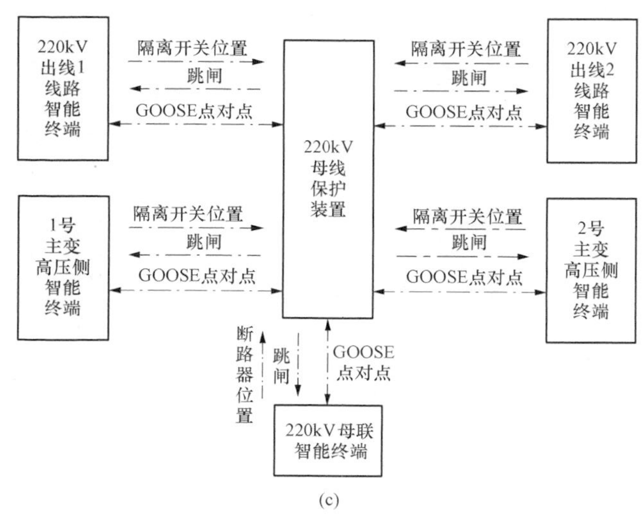

图 2.3 母线保护典型配置与网络联系示意图（二）

（c）母线保护 GOOSE 信息流 2

-----表示 SV 信息流；—·— 表示 GOOSE 信息流

表 2.4　　母线保护间隔信息流

信息流类型	信息发送方	信息接收方	传输信息
SV	各间隔合并单元	母线保护	电流采样信息
SV	母线合并单元	母线保护	电压采样信息
GOOSE	母线保护	各间隔智能终端	跳闸信号
GOOSE	各间隔智能终端	母线保护	隔离开关位置
GOOSE	母联智能终端	母线保护	母联断路器位置
GOOSE	母联测控	母线保护	母联手合信号
GOOSE	线路保护	母线保护	启动失灵信号
GOOSE	主变保护	母线保护	启动失灵信号及解除复压闭锁信号
GOOSE	母线保护	各线路保护	远跳及闭重信号
GOOSE	母线保护	各主变保护	失灵联跳信号

目前智能变电站保护典型配置中，在 SV 采样信息部分，母线保护装置从母线合并单元获取母线电压 SV 采样信息，从各间隔合并单元获取各间隔电流 SV 采样信息；在 GOOSE 信息流部分，母线保护装置向各间隔智能终端发送跳闸信

号，从各线路及主变智能终端接收隔离开关位置信号，向各线路保护装置发送远跳及闭重信号，向主变保护装置发送失灵联跳信号，从各间隔保护装置接收启动失灵信号，此外还需从母联智能终端接收手合信号。

以上信号中，母线保护装置与各侧合并单元、智能终端的采样与跳闸信号采用直采直跳形式，其他 GOOSE 信号（包括启动失灵信号、失灵联跳信号、远跳及闭重信号、隔离开关位置信号和手合信号）可以通过交换机传输。但由于母线保护装置与智能终端间本身有单独敷设的光缆用于传输直跳信号，因此各智能终端向母线保护装置发送的信号通常也通过这根光缆而不通过交换机进行传输。

2.5　母联（母分）间隔典型配置

母联（母分）保护装置的功能包括充电过流保护等功能，需要采集母联断路器的三相电流，此外部分装置还需采集母联断路器位置信息及母联断路器手合信息。

母联（母分）保护典型配置与网络联系图如图 2.4 所示，信息流见表 2.5。

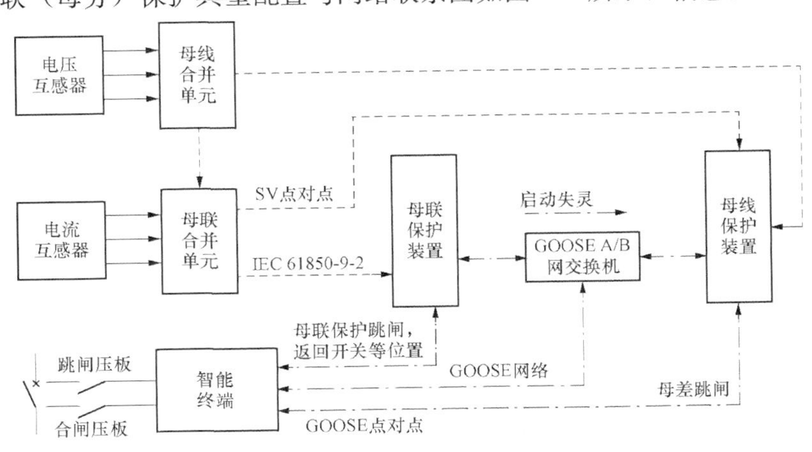

图 2.4　母联（母分）保护典型配置与网络联系示意图

-----表示 SV 信息流；—·— 表示 GOOSE 信息流

表 2.5　　母联保护间隔信息流

信息流类型	信息发送方	信息接收方	传输信息
SV	母联合并单元	母联保护	电流采样信息
GOOSE	母联保护	母联智能终端	跳闸信号
GOOSE	母联保护	母线保护	启动失灵信号

目前智能变电站典型配置中，母联保护装置通过直采的方式从母联合并单元获取电流采样信息；通过 GOOSE 网络，向智能终端发送跳闸信号，向母线保护装置发送启动失灵信号。上述信号中，采样与跳闸信号采用直采直跳的形式，不经过交换机，而母联保护装置与母线保护装置之间的 GOOSE 信号采用网络形式，通过交换机进行传输。

2.6　备用电源自动投入装置典型配置表

以 110kV 变电站 110kV 备用电源投入装置为例，其通常应用于桥接线的一次接线形式，具备备进线（备用主变）和备母分两种运行方式。备用电源投入装置能够识别当前的一次设备运行方式，自动完成进线备投与母分备投的工作方式转换。

从备用电源自动投入装置的充放电条件及动作逻辑来看，备自投装置需要采集的信息包括Ⅰ、Ⅱ母电压，1、2 号进线电流，进线断路器及桥断路器位置及合后位置，以判断当前备自投方式、对备自投充电及判断备自投是否动作，采集其他装置的闭锁备投信息以对备自投进行闭锁，对各智能终端发送 GOOSE 跳合闸命令进行出口。

备自投典型配置与网络联系示意图如图 2.5 所示，信息流见表 2.6。

目前智能变电站典型配置中，备自投装置从母线合并单元获取电压 SV 采样信息，从间隔合并单元获取电流 SV 采样信息，从桥断路器及主变智能终端获取断路器位置、合后位置，从测控装置获取手分信息，向桥开关及主变智能终端发送跳闸及合闸信号，从主变保护获取闭锁备投信息。为保证备自投装置动作的可靠性，建议与备自投相关的采样及跳闸信号采用直采直跳的形式。

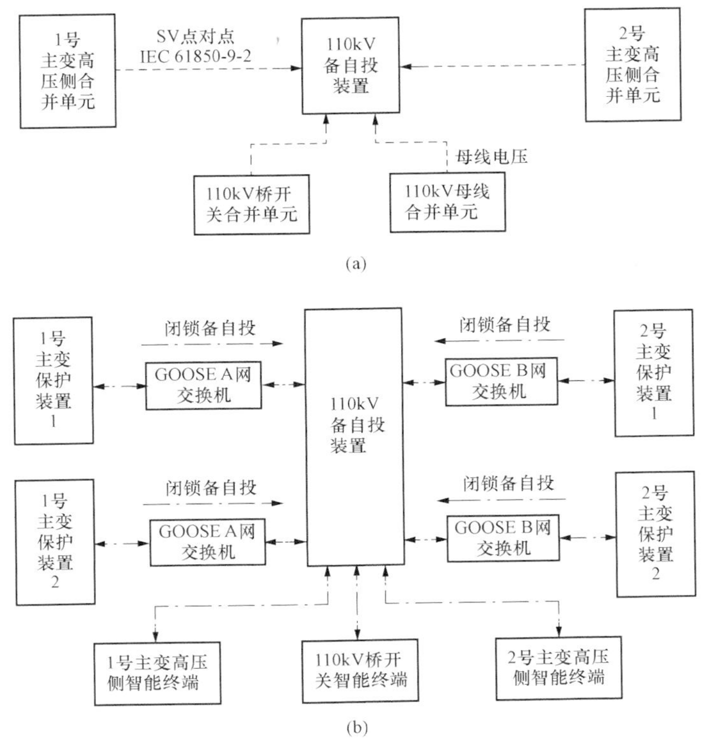

图 2.5 备自投装置典型配置与网络联系示意图

(a) 备自投装置 SV 信息流；(b) 备自投装置 GOOSE 信息流

-----表示 SV 信息流；—·— 表示 GOOSE 信息流

表 2.6　　备自投装置信息流

信息流类型	信息发送方	信息接收方	传输信息
SV	各合并单元	备自投装置	电压电流采样信息
GOOSE	各智能终端	备自投装置	断路器位置及合后位置
GOOSE	各测控装置	备自投装置	手分信号
GOOSE	主变保护	备自投装置	闭锁备自投信号
GOOSE	备自投装置	各智能终端	跳合闸信号

第 3 章　智能变电站继电保护安全措施

3.1　安全措施及隔离技术

安全措施主要是指在变电运行及检修工作中为了保证人身、电网及设备安全，将待检修设备与运行设备进行安全隔离的措施。对于继电保护专业而言，安全措施主要包括模拟量输入回路及跳合闸、遥控、启失灵开出回路等。在常规变电站开出回路的安全措施实施一直遵守“明显电气断点”的基本理念，即认为在跳合闸、遥控、启失灵等开出回路必须分别串入硬压板。线路保护跳操作箱、线路保护启动失灵及母线保护跳操作箱均设置有硬压板。在实际的运行检修工作中，检修人员在退下线路保护启动失灵压板、保护出口压板后，就能保证在对线路保护的检修中不会误出口。

3.1.1　GOOSE 安全措施技术

智能变电站技术最核心的技术革新在于使用工业以太网技术代替传统二次接线传递数字和模拟信号，原有相互解耦、具象的二次接线将由相互高度耦合、抽象的网络数据流代替。其中，面向对象的变电站事件（GOOSE）是 IEC 61850 标准定义的一种快速报文传输机制，它以高速网络通信为基础，替代了传统变电站设备之间的电缆回路连接，为各个逻辑节点的通信提供了快速且可靠的通信方式。GOOSE 主要用于传递跳合闸、实时位置状态、互锁等过程层实时信息，是智能变电站的核心技术。同时，GOOSE 通信过程通过不断自检，实现了装置间回路的智能化监测，克服了传统电缆回路故障无法自动发现的缺点，提高了变电站二次回路的可靠性。在检修工作中，需要对 GOOSE 回路进行可靠隔离和控制，为智能变电站可靠运行提供足够的安全保证。

1. 装置间光纤隔离

GOOSE 信息流传输的媒介一般为光纤，从物理连接上将保护与保护间或保护与智能终端之间的光纤隔断是最直接的隔离手段，如图 3.1 所示。

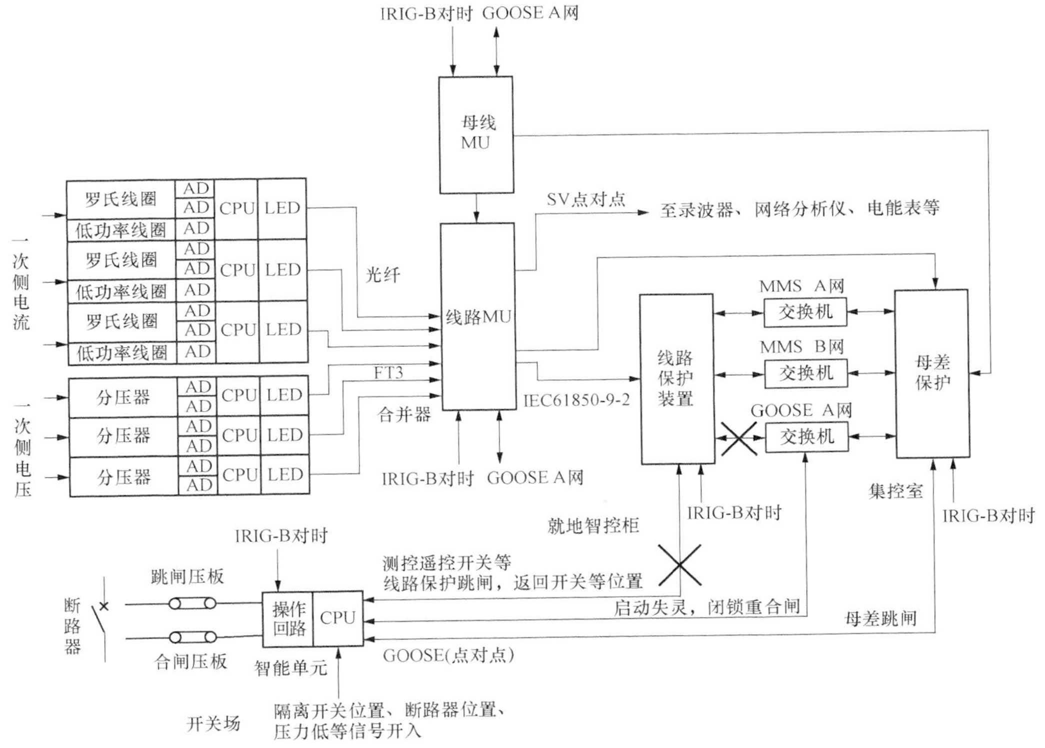

图 3.1 装置间插拔光纤隔离示意图

但是这种模式存在如下不足：

(1) 光纤接口属于易耗品，多次插拔之后对接口性能和寿命均有较大影响。光纤插头多次插拔也可能导致光纤头接口处紧固效果下降、光纤插头污染、光纤接口光损耗变大等问题，进而造成 GOOSE 信息传输错误或时延过大。

（2）如果智能终端故障，断开光纤无法隔离智能终端到一次设备的电缆二次回路，导致检修工作时存在隐患。

因此，插拔光纤不能作为一种安全措施长期使用，对于确认无法通过退检修装置发送软压板，且相关运行装置未设置接收软压板来实现安全隔离的光纤回路，可采取断开光纤的安全措施方案，但不得影响其他装置的正常运行。智能变电站装置软压板基于装置软件实现，检修压板基于装置软件及外部开入硬回路实现。例如，220kV 母线保护装置缺陷、故障时，装置检修压板、软压板功能可能失效。由于智能终端未设置软压板，为了实现母线保护与相应智能终端的可靠隔离，可采用断开相应光纤的安全措施方案，此时相应智能终端会出现断链告警，但不影响智能终端本身的功能。

断开光纤回路前，应确认对应光纤已做好标识，并核对所拔光纤的编号后再操作。拔出后盖上防尘帽，并应封好光纤接口，还应注意光纤的弯曲程度符合相关规范要求。

2. 保护装置 GOOSE 软压板隔离

在智能变电站中，由于信号、控制等回路的网络化，硬压板也就随着电缆回路的消失而不再使用，而软压板的功能则大大加强，重要性也随之提升。软压板是相对于硬压板而言的，GOOSE 软压板是装置联系外部接线的桥梁和纽带，关系到保护的功能和动作出口能否正常发挥作用。

智能保护装置软压板的具体设置为：

（1）GOOSE 跳闸出口软压板，用以控制保护通过智能终端跳闸；

（2）GOOSE 启动失灵软压板，用以启动母线保护失灵功能；

（3）GOOSE 重合闸出口软压板，用以控制保护通过智能终端合闸。

此外，对于涉及保护间相互关系的 GOOSE 链路，如启动失灵、解除复压闭锁等，还在 GOOSE 接收侧设置了相应的 GOOSE 接收软压板。

通过投退相应的 GOOSE 软压板，可以实现相应回路的隔离功能。此模式虽然比上一种方式有所改进，但如果智能终端故障，也无法隔离智能终端到一次设备的电缆二次回路，导致检修工作时存在安全隐患。另外，软压板是依靠装置的软件控制，考虑到保护装置软件存在异常的可能性，仅依靠软压板投退的安全措施可靠性不够高。

3. 智能终端出口硬压板隔离

智能终端的出口压板是设置串联在智能终端与一次设备的控制回路中，作为一个明显电气断点的隔离。如图 3.2 所示，4LP5 及 4LP2 分别控制了保护重合及跳闸控制回路的通断，这个做法与传统变电站相同。

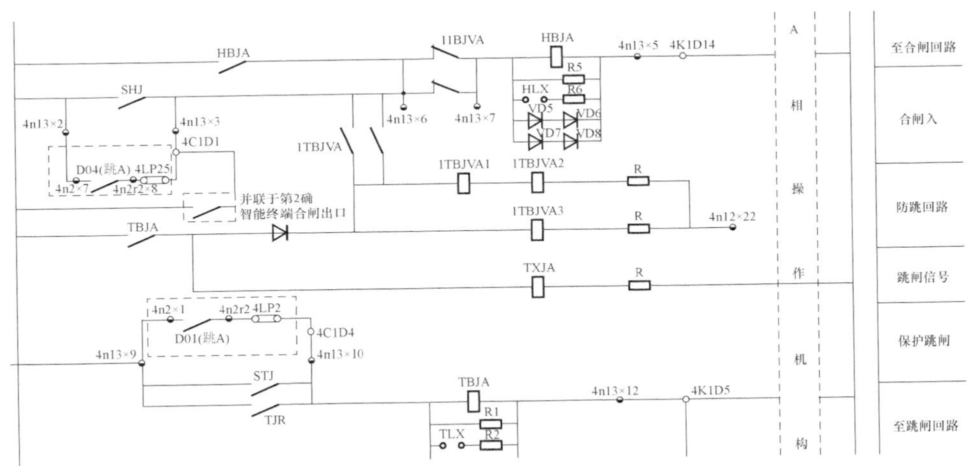

图 3.2　智能终端出口回路硬压板设置

这种模式也存在不足，对于跨间隔的保护连接，尤其对于母线保护和主变保护的部分检修，不可能将所有相关间隔的硬压板都退出。所以，考虑到保护装置之间的联系，仅依靠出口硬压板进行隔离就显得灵活性不足，具有一定的局限性。

4. 检修压板隔离

智能保护装置及智能终端均设置了一块“检修状态”硬压板，该压板属于采用开入方式的投退压板。当该压板投入时，相应装置发出的所有 GOOSE 报文的 TEST 位值为 TRUE，如图 3.3 所示。

```
⊟ IEC 61850 GOOSE
    AppID*: 282
    PDU Length*: 150
    Reserved1*: 0x0000
    Reserved2*: 0x0000
  ⊟ PDU
      IEC GOOSE
      {
        Control Block Reference*:    PB5031BGOLD/LLN0$GO$gocb0
        Time Allowed to Live (msec):  10000
        DataSetReference*:   PB5031BGOLD/LLN0$dsGOOSE0
        GOOSEID*:    PB5031BGOLD/LLN0$GO$gocb0
        Event Timestamp:  2008-12-27 13:38.46.222997  Timequality: 0a
        StateNumber*:     2
        Sequence Number:   0
        Test*:     TRUE
        Config Revision*:    1
        Needs Commissioning*:    FALSE
        Number Dataset Entries:  8
        Data
        {
          BOOLEAN:   TRUE
          BOOLEAN:   FALSE
```

图 3.3　GOOSE 报文带检修位

对 GOOSE 报文检修处理机制要求如下：

(1) 当装置检修压板投入时，装置发送的 GOOSE 报文中的 test 应置位；

(2) GOOSE 接收端装置应将接受的 GOOSE 报文中的 test 位与装置自身的检修压板状态进行比较，只有两者一致时才将信号作为有效信号进行处理或动作。

线路间隔的保护装置、智能终端、合并单元都有检修压板，装置检修压板投入时，装置发出的 GOOSE 报文会带上检修位；合并单元检修压板投入时，发出的 SV 报文中相应的数据品质位 q 也会置上检修位。装置处理 GOOSE 信号以及 SV 数据时，必须检查数据的检修位，并根据自身的检修状态做出相应的处理。

GOOSE 检修机制测试主要包括保护装置与智能终端之间 GOOSE 检修机制，智能终端与合并单元之间的 GOOSE 检修机制、合并单元与保护装置之间的 GOOSE 检修机制。

GOOSE 检修机制需要验证通信双方检修位一致（双方都置检修或都处于正常运行），检修位不一致（一方检修另一方正常运行）时接收方对 GOOSE 开入开出的处理。保护装置投入“检修状态”压板时，除了上送到监控系统的保护事件信息中带有检修状态提示信息，装置检修时测控闭锁本间隔遥控操作。另外，保护装置发出的GOOSE报文中也带检修位，智能终端不处理装置的开出。当智能终端投入“检修状态”压板时，智能终端的报文（开关位置等信息）就会带上检修位，保护装置也不处理智能终端的开关位置等信号。保护装置与智能终端之间检修压板的具体的组合见表3.1。

表3.1　　保护装置与智能终端检修态的配合

智能终端检修状态	保护装置检修状态	GOOSE跳闸报文处理	使用情况
检修态	检修态	处理	检修调试的情况下
非检修态	非检修态	处理	正常投入使用时
非检修态	检修态	不处理	智能终端不处理保护的开出
检修态	非检修态	不处理	保护装置不处理智能终端开入，智能终端也不处理保护的开出

这种模式存在的不足是：如果线路保护装置故障时，退出智能终端也会导致母线保护无法跳开该断路器。

综上所述，几种单一形式的安全措施都有各自的优点和缺点，对比的结果见表3.2。

表3.2　　几种单一形式安全措施优缺点比较

名称	优点	缺　　点
断开光纤	明显的光断开点，可靠的隔离信号	（1）多次插拔可能导致光纤接插口损坏 （2）导致接收方报警干扰运行
投检修压板	简单明确	（1）当发送设备出现异常时，可能失效，无法实现信号的可靠隔离 （2）下一级设备缺乏确认上一级设备投检修态和退出发送软压板的能力
退出GOOSE发送压板	操作较简单	（1）当发送设备出现异常时，可能失效，无法实现信号的可靠隔离 （2）考虑到保护装置软件异常，仅依靠GOOSE发送/接收软压板投退可靠性不够

续表

名称	优点	缺　　点
退出 GOOSE 接收压板	操作较简单	（1）缺乏对退出接收软压板安全措施实施情况的确认能力 （2）在运行设备上实施安全措施，操作较为复杂，运行人员容易在安全措施实施及恢复过程中发生疏漏或误操作 （3）智能终端由于没有液晶面板及 MMS 站控层网络接口，未设置 GOOSE 接收软压板，在保护装置本体运行异常的情况下，无法有效隔离保护直跳智能终端
退出跳合出口硬压板	明显的电气断开点，可靠的隔离信号	会导致单间隔保护（如线路保护）及跨间隔保护（如母线保护）同时无法出口跳闸

3.1.2　SV 安全措施技术

对 SV 报文检修处理机制要求如下：

（1）当合并单元装置检修压板投入时，发送采样值报文中采样值数据的品质 q 的 test 位应置为“true”。

（2）SV 接收端装置应将接受的 SV 报文中的 test 位与装置自身的检修压板状态进行比较，只有两者一致时才将该信号用于保护逻辑，否则不参加保护逻辑的计算。

（3）若保护配置为双重化，保护配置的接收采样值控制块的所有合并单元也应双重化。两套保护和合并单元在物理上和保护上都完全独立，一套合并单元检修不影响另一套保护和合并单元的运行。

1. 装置间光纤隔离

SV 信息流传输的媒介一般为光纤，从物理连接上将合并单元与保护装置间光纤隔断是最直接的隔离手段，与 GOOSE 安全措施技术中的装置间光纤隔离类似，这种方式一般不作为常规的安全措施。

2. 检修压板

合并单元设置了一块“检修状态”硬压板，该压板属于采用开入方式的投退压板。当该压板投入时，相应装置发出的所有 SV 报文中品质 q 的 test 位值为 TRUE。当互感器需要检修的时候，需要把合并单元的检修压板投上，这样合并单元的报文就会带有检修位。当保护装置的检修状态与合并单元的检修压板不一致时，装置会报“检修压板不一致”，并按相关通道采样异常进行处理。

目前跨间隔保护如母线保护、主变保护对合并单元检修压板的配合关系处理如下：

（1）当母线保护检修压板与间隔合并单元检修压板不一致的时候，闭锁差动保护及相关失灵保护。如果与母线合并单元检修压板不一致的时候，则按照母线电压异常处理，开放复压闭锁功能。

（2）若主变保护检修压板与合并单元间隔检修压板不一致，则差动保护退出，与主变保护检修状态不一致的各侧后备保护退出；如果与各侧合并单元检修压板都不一致，则差动及所有后备保护都退出。

保护装置与合并单元检修态配合关系见表 3.3。

表 3.3　保护装置与合并单元检修态配合

合并单元检修状态	保护装置检修状态	通道数据有效标志	使用情况
检修态	检修态	有效	检修调试的情况下
非检修态	非检修态	有效	正常投入使用时
非检修态	检修态	无效	报“检修压板不一致”，装置告警，闭锁相关保护

3. SV 接收压板

智能保护装置按照合并单元设置“SV 接收”软压板，当智能保护装置退出某间隔的 SV 接收软压板，则对应间隔合并单元的模拟量及其状态（包括检修状态）都不计入保护，保护按无此支路处理。

跨间隔保护对 SV 接收压板的关系处理如下：

（1）对于母线保护，若某侧 SV 接收压板退出，差动保护不计算该侧；

（2）对于主变保护，若某侧 SV 接收压板退出，则该侧后备保护退出，差动保护不计算该侧。

（3）对于母线保护或主变保护，若电压 SV 接收软压板退出时，则按照母线电压异常处理，开放复压闭锁功能。

实际工程中需根据一次设备停运情况，采取下列安全措施：

（1）对应一次设备停运时，可退出 SV 接收压板。

（2）对应一次设备运行时，跨间隔保护需要退出与该 SV 链路相关的保护功能后方能退出相应 SV 接收压板，如母线保护需要退出母差功能，变压器保护需要退出差动保护和本侧后备保护。

3.2　安全措施实施原则

3.2.1　安全措施票

智能变电站二次设备现场检验工作应使用标准化作业指导卡（书），对于重要和复杂保护装置或有联跳回路（以及存在跨间隔 SV、GOOSE 联系的虚回路）的保护装置，如母线保护、失灵保护、主变保护、远方跳闸、电网安全自动装置、站域保护（备自投、低周减载、单保护后备）等的现场检验工作，应编制经技术负责人审批继电保护安全措施票。

在与运行设备有联系的二次回路上进行涉及继电保护和电网安全自动装置的拆、接线工作，在与运行设备有联系的 SV、GOOSE 网络中进行涉及继电保护和电网安全自动装置的拔、插光纤工作，以及修改、下装配置文件且涉及运行设备或运行回路的工作都需要编制经技术负责人审核的安全措施票。

3.2.2　安全措施双重化

由于装置软压板和检修压板均是通过软件实现安全措施隔离，考虑软件可靠性问题，待检修装置软件异常时可能造成安全措施失效，需在检修设备和运行设备两侧实施安全措施，实现检修设备与运行设备的可靠隔离；智能变电站虚回路安全隔离应至少采取双重安全措施，如退出相关运行装置中对应的接收软压板，退出检修装置对应的发送软压板，放上检修装置检修压板。例如，220kV 线路间隔检修或缺陷处理时，母差保护的安全措施有：退出母差保护内对应的启失灵接收软压板，退出线路保护对应的启失灵发送软压板，放上线路保护检修压板。

智能终端出口硬压板、装置间的光纤可实现具备明显断点的二次回路安全措施。断开出口压板、拔出装置间的光纤，都在实际的物理回路上形成了可靠的断开点。

3.2.3 装置检修压板操作原则

操作保护装置检修压板前，应确认保护装置处于信号状态，且与之相关的运行保护装置（如母差保护、安全自动装置等）二次回路的软压板（如失灵启动软压板等）已退出。设备正常运行时，禁止投入保护装置检修压板，防止因检修不一致造成保护功能闭锁或相关保护告警。

在一次设备停役时，操作间隔合并单元检修压板前，需确认相关保护装置的 SV 软压板已退出，特别是仍继续运行的保护装置。以母线保护为例，当某一支路检修，其他支路如果仍然要继续运行，对应的合并单元投入检修（或断电）前，必须要退出相关保护装置对应的 SV 接收软压板；否则由于保护和合并单元检修不一致（或保护装置该支路电流采样异常），将导致一直处于闭锁保护，一旦遇到故障，保护装置将会拒动。

对于保护双重化配置的一次设备，在一次设备不停役时，应在相关保护装置处于信号或停用后，方可放上该合并单元检修压板。对于母线合并单元，在一次设备不停役时，应先按照母线电压异常处理，根据需要申请变更相应继电保护的运行方式后，方可放上该合并单元检修压板。

3.2.4 异常处置安全措施布置原则

智能变电站保护装置、安全自动装置、合并单元、智能终端、交换机等智能设备故障或异常时，运维人员应及时检查现场情况，判断影响范围，根据现场需要采取变更运行方式、停役相关一次设备、投退相关继电保护等措施，并在现场运行规程中细化明确。继电保护系统、设备、功能投入运行前，运维单位应修编现场运行规程中的相关内容。现场运行规程的继电保护部分至少应包括如下内容：

（1）对继电保护系统内的各设备、回路进行监视及操作的通用条款。例如，继电保护装置软、硬压板的操作规定；继电保护在不同运行方式下的投退规定；投退保护、切换定值区、复归保护信号等的操作流程。

（2）以被保护的一次设备为单位，编写继电保护配置、组屏方式、需要现场运行人员监视及操作的设备情况等。

（3）一次设备操作过程中各继电保护装置、回路的操作规定。

（4）继电保护系统各设备、回路异常影响范围表及对应的处理方法。

合并单元、采集单元一般不单独投退，根据影响程度确定相应保护装置的投退。间隔合并单元、采集单元异常时，相应接入该合并单元采样值信息的保护装置应退出运行；母线合并单元、采集单元异常，相关保护装置按照母线电压异常处理。

一次设备停役，合并单元、采集单元校验、消缺时，应退出对应的线路保护、母线保护等相关装置内该间隔的软压板（如母线保护内该间隔投入软压板、SV 软压板等）。当保护装置检修压板和合并单元上送的检修数据品质位不一致时，保护装置应报警并闭锁相关保护，因此必须要退出相关保护装置的对应合并单元 SV 接收软压板；否则由于保护和合并单元检修不一致（或保护装置该开关电流采样异常），导致一直处于闭锁保护，一旦遇到故障，相关运行保护装置将会拒动。

双重化配置的智能终端单台校验、消缺时，可不停役相关一次设备，但应退出该智能终端出口压板，同时根据需要退出相关受影响的保护装置。如果是线路间隔第一套智能终端故障，同时还需考虑退出另一套线路保护的重合闸功能。

单套配置的智能终端校验或消缺时，为了防止一次设备无保护运行，需陪停一次设备，并考虑退出相关受影响的保护装置（如备自投等装置）。

3.3 典型应用

3.3.1 概述

基于事故检修、定期检修、状态检修等不同的检修形式，继电保护检修模式可归纳为停电检修和不停电检修模式两种。

停电检修模式就是为保证在系统故障情况下的动作可靠性，一般要求对设备进行停电检修，目前继电保护检修普遍采用二次设备伴随一次设备停电进行保护校验的模式。而随着变电一次设备的在线监测技术的大幅应用，加上带电监测手段的不断丰富完善，电力系统逐步推广以在线监测和带电监测为主的不停电检修。同时，电网公司的同业对标考核制度进一步完善，在原来设施可靠性基础上增加了以供电回路作为考核的供电可靠性指标。因此，一次设备停电机会显著减少，对二次设备伴随一次设备停电进行保护校验的模式提出了挑战。

不停电检修试验就是不影响供电可靠性和停用一次设备的情况下，停用单套保护进行保护检修试验。特别是针对保护装置、合并单元及智能终端的故障消缺工作，不停电检修能够显著减少因保护系统引起的非计划停电，从而提高供电可靠性和同业对标水平。

因此，结合目前智能变电站的运维情况，针对停电检修模式和不停电检修模式，总结了适用于 220kV 及以下电压等级的智能变电站的线路保护、主变保护、母线保护和母联保护的典型安全措施。

3.3.2 220kV 线路间隔校验及消缺安全措施案例

1. 常规采样、GOOSE 跳闸模式 220kV 线路间隔校验及消缺安全措施案例

以 220kV 线路间隔第一套保护为例，常规采样、GOOSE 跳闸模式的典型配置及其网络联系示意图如图 3.4 所示。

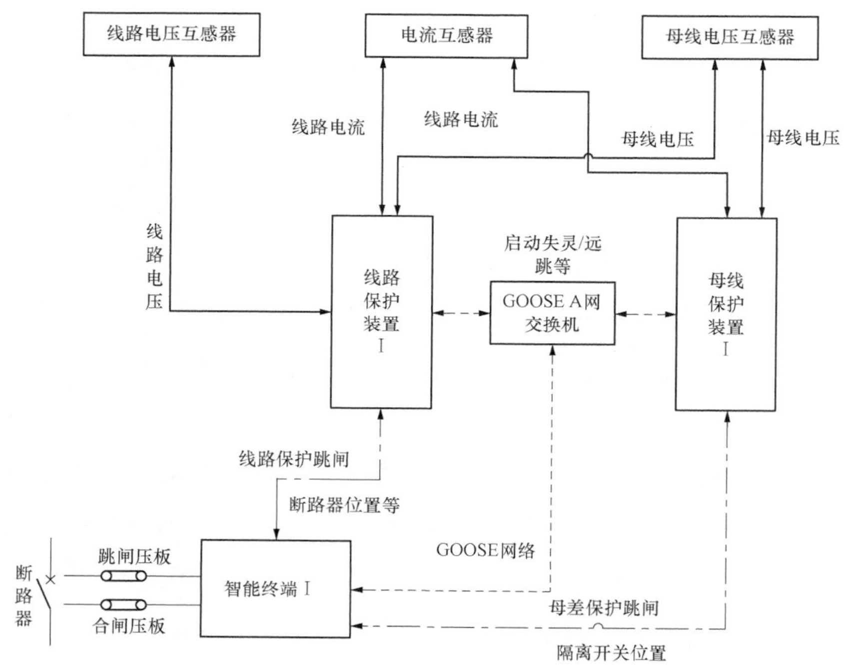

图 3.4　常规采样、GOOSE 跳闸模式 220kV 线路间隔示意图

—— 表示常规电缆采样；－·－ 表示 COOSE 点对点；----- 表示组网

安全措施实施细则（以 220kV 线路第一套保护为例）如下。

（1）一次设备停电情况下，220kV 线路保护校验安全措施。

1）退出 220kV 第一套母线保护该间隔 GOOSE 启失灵接收软压板、投入该

母线保护内该间隔的隔离开关强制分软压板。

2）退出该间隔第一套线路保护 GOOSE 启失灵发送软压板。

3）放上该间隔第一套线路保护、智能终端检修压板。

4）将该间隔线路保护 TA 短接并划开、TV 回路划开；并根据一次设备状态，确认是否需短接、划开 220kV 第一套母线保护该间隔 TA 回路。

（2）一次设备停电情况下，线路保护与母线保护失灵回路试验时的安全措施。

1）退出 220kV 第一套母线保护内运行间隔 GOOSE 发送软压板、失灵联跳发送软压板，放上该母线保护检修压板。

2）放上该间隔第一套线路保护、智能终端检修压板。

3）将该间隔线路保护 TA 短接并划开、TV 回路划开；并根据一次设备状态，确认是否需短接、划开 220kV 第一套母线保护该间隔 TA 回路。

（3）一次设备不停电情况下，220kV 线路间隔装置缺陷处理时安全措施。

1）线路保护。

（a）缺陷处理时安全措施：

a）退出 220kV 第一套母线保护该间隔 GOOSE 启失灵接收软压板；

b）退出该间隔第一套线路保护 GOOSE 发送软压板、启失灵发送软压板，并放上装置检修压板；

c）根据缺陷性质确认是否需将该线路保护 TA 短接并划开，TV 回路划开；

d）如有需要可取下线路保护至对侧纵联光纤及线路保护背板光纤。

（b）缺陷处理后传动试验时的安全措施：

a）退出 220kV 第一套母线保护内运行间隔 GOOSE 出口软压板、失灵联跳发送软压板，放上该母线保护检修压板；

b）取下该间隔第一套智能终端出口硬压板，放上该间隔保护装置、智能终端检修压板；

c）如有需要取下该线路保护至线路对侧纵联光纤，解开该智能终端至另外一套智能终端闭锁重合闸回路；

d）将该间隔线路保护 TA 短接并划开，TV 回路划开；

e）本安全措施方案可传动至该间隔智能终端出口硬压板，如有必要可停役一次设备做完整的整组传动试验。

2）智能终端。

（a）缺陷处理时的安全措施：

a）取下该间隔第一套智能终端出口硬压板，放上装置检修压板；

b）退出该间隔第一套线路保护 GOOSE 出口软压板、启失灵发送软压板；

c）如有需要可投入 220kV 第一套母线保护该间隔的隔离开关强制软压板，解开至另外一套智能终端闭锁重合闸回路；

d）如有需要可取下智能终端背板光纤。

（b）缺陷处理后传动试验时的安全措施：

a）取下该间隔第一套智能终端出口硬压板，放上装置检修压板；

b）退出 220kV 第一套母线保护内运行间隔 GOOSE 出口软压板、失灵联跳发送软压板，放上该母线保护检修压板；

c）放上该间隔第一套线路保护检修压板；

d）如有需要可取下该线路保护至线路对侧纵联光纤，解开至另外一套智能终端闭锁重合闸回路；

e）根据缺陷性质确认是否需将该间隔线路保护 TA 短接并划开，TV 回路划开；

f）本安全措施方案可传动至该间隔智能终端出口硬压板，如有必要可停役一次设备做完整的整组传动试验。

2. SV 采样、GOOSE 跳闸模式 220kV 线路间隔校验及消缺安全措施案例

以 220kV 线路间隔第一套保护为例，采用 SV 采样、GOOSE 跳闸模式的典型配置及其网络联系示意图如图 3.5 所示。

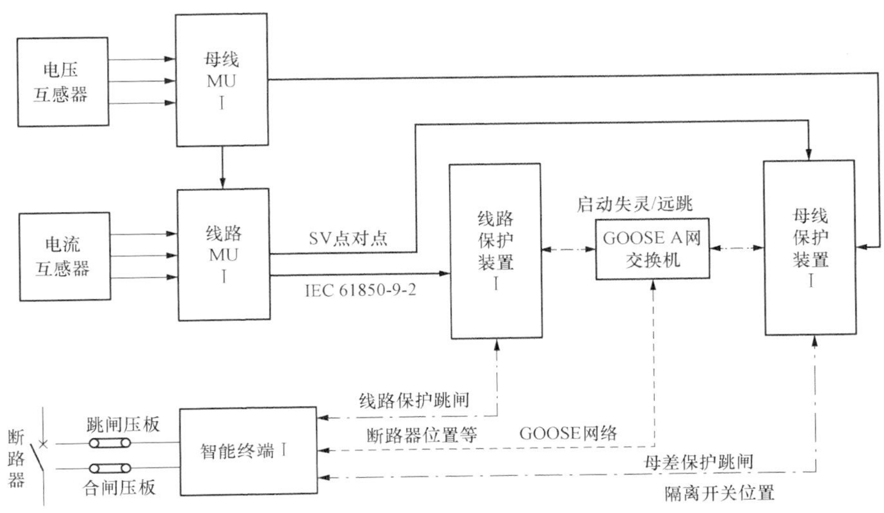

图 3.5 SV 采样、GOOSE 跳闸模式 220kV 线路间隔示意图

——表示 SV 采样；—·— 表示 COOSE 点对点；-----表示组网

安全措施实施细则（以 220kV 线路第一套保护为例）如下。

（1）一次设备停电情况下，220kV 线路保护校验安全措施。

1）采用电子式互感器。

（a）退出 220kV 第一套母线保护该间隔 SV 接收软压板、GOOSE 启失灵接收软压板，投入该母线保护内该间隔隔离开关强制分软压板。

（b）退出该间隔第一套线路保护 GOOSE 启失灵发送软压板。

（c）放上该间隔第一套线路保护、智能终端、合并单元检修压板。

2）采用传统互感器。

（a）退出 220kV 第一套母线保护该间隔 SV 接收软压板、GOOSE 启失灵接收软压板，投入该母线保护内该间隔隔离开关强制分软压板。

（b）退出该间隔第一套线路保护 GOOSE 启失灵发送软压板。

（c）放上该间隔第一套合并单元、线路保护及智能终端检修压板。

（d）在该合并单元端子排处将 TA 短接并划开，TV 回路划开。

（2）一次设备停电情况下，线路保护校验时与220kV第一套母线保护失灵回路试验时的安全措施。

1）退出220kV第一套母线保护内运行间隔GOOSE软压板、失灵联跳软压板，放上该母线保护检修压板。

2）放上该间隔第一套线路保护、智能终端、合并单元检修压板。

3）在该合并单元端子排处将TA短接并划开，TV回路划开。

（3）一次设备不停电情况下，220kV线路间隔装置缺陷处理时安全措施。

1）间隔合并单元。间隔合并单元缺陷时，申请停役相关受影响的保护，必要时申请停役一次设备。

2）线路保护。

（a）缺陷处理时安全措施：

a）退出220kV第一套母线保护该间隔GOOSE启失灵接收软压板；

b）退出该间隔第一套线路保护内GOOSE出口软压板、启失灵发送软压板，放上该线路保护检修压板；

c）如有需要可取下线路保护至对侧纵联光纤及线路保护背板光纤。

（b）缺陷处理后传动试验时的安全措施：

a）退出220kV第一套母线保护内运行间隔GOOSE出口软压板、失灵联跳软压板，放上该母线保护检修压板；

b）取下该间隔第一套智能终端出口硬压板，放上该智能终端检修压板；

c）放上该间隔第一套线路保护检修压板；

d）如有需要取下该线路保护至线路对侧纵联光纤，解开至另外一套智能终端闭锁重合闸回路；

e）该安全措施方案可传动至该间隔智能终端出口硬压板，如有必要可停役一次设备做完整的整组传动试验。

3）智能终端。

（a）缺陷处理时的安全措施：

a）取下该间隔第一套智能终端出口硬压板，放上装置检修压板；

b）退出该间隔第一套线路保护GOOSE出口软压板、启失灵发送软压板；

c）投入220kV第一套母线保护内该间隔隔离开关强制软压板；

d）如有需要可取下智能终端背板光纤，解开至另外一套智能终端闭锁重合闸回路。

（b）缺陷处理后传动试验时的安全措施：

a）取下该间隔第一套智能终端出口硬压板，放上装置检修压板；

b）退出220kV第一套母线保护内运行间隔GOOSE出口软压板、失灵联跳软压板，放上该母线保护检修压板；

c）放上该间隔第一套线路保护检修压板；

d）如有需要可取下该线路保护至线路对侧纵联光纤，解开至另外一套智能终端闭锁重合闸回路；

e）该安全措施方案可传动至该间隔智能终端出口硬压板，如有必要可停役一次设备做完整的整组传动试验。

3.3.3　500kV主变间隔校验及消缺安全措施案例

1. 常规电缆采样、GOOSE跳闸模式500kV主变间隔校验及消缺安全措施案例

以500kV变电站第一套主变保护为例，采用常规电缆采样、GOOSE跳闸模式其典型配置及其网络联系示意图如图3.6所示。

安全措施实施细则（以3/2完整串接线中的500kV第一套主变保护为例）如下。

（1）一次设备停电情况下，500kV主变间隔校验安全措施（含边、中断路器保护）。

1）退出对应500kV第一套母线保护内该间隔GOOSE启失灵接收软压板。

2）退出220kV第一套母线保护内该间隔GOOSE启失灵接收软压板，投入该母线保护间隔隔离开关强制软压板。

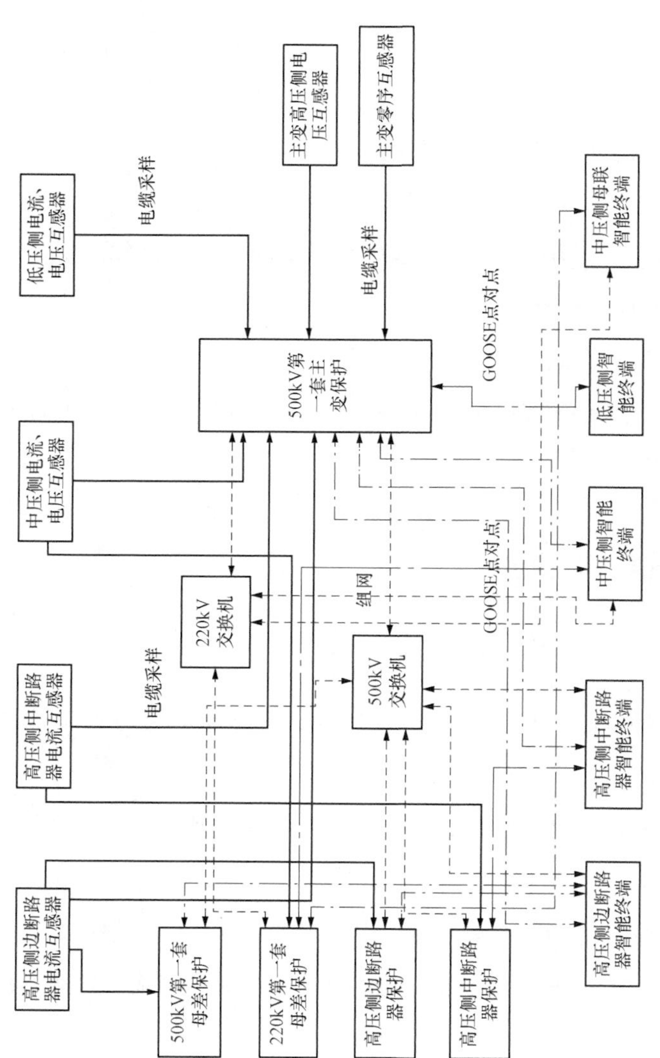

图 3.6　常规电缆采样、GOOSE 跳闸模式 500kV 主变间隔示意图

——表示电缆采样；-·-·-表示 GOOSE 点对点；-----表示组网

3）退出该 500kV 第一套主变保护内 220kV 侧 GOOSE 启失灵发送软压板及至运行设备（如 220kV 母联/母分）GOOSE 发送软压板。

4）退出第一套边断路器保护内至 500kV 第一套母线保护 GOOSE 启失灵发送软压板。

5）退出第一套中断路器保护内至运行设备（如同串运行间隔的第一套保护、智能终端）GOOSE 启失灵、出口软压板。

6）放上 500kV 第一套主变保护、边、中断路器保护及各侧智能终端检修压板。

7）将该主变间隔保护各侧 TA 短接划开、TV 回路划开；并根据一次设备状态，确认是否需短接对应 500、220kV 第一套母线保护和 500kV 同串运行间隔第一套保护等相关设备内该间隔 TA 回路。

（2）一次设备停电情况下，500kV 主变间隔与相关保护失灵回路传动试验时的安全措施。

1）退出对应 500kV 第一套母线保护内运行间隔 GOOSE 发送软压板，放上该母线保护检修压板。

2）退出 220kV 第一套母线保护内运行间隔 GOOSE 发送软压板、失灵联跳软压板，放上该母线保护检修压板。

3）退出该 500kV 第一套主变保护至运行设备（如 220kV 母联/母分）GOOSE 出口软压板。

4）退出该中断路器保护内至运行设备 GOOSE 启失灵、GOOSE 出口软压板。

5）放上 500kV 第一套主变保护、边、中断路器保护及各侧智能终端检修压板。

6）将该主变间隔保护各侧 TA 短接划开、TV 回路划开；并根据一次设备状态，确认是否需短接对应 500kV、220kV 第一套母线保护及 500kV 同串运行间隔第一套保护等相关设备内该间隔 TA 回路。

（3）一次设备不停电情况下，500kV 主变间隔装置缺陷处理时安全措施。

1）主变保护。

（a）缺陷处理时的安全措施：

a）退出该 500kV 第一套主变保护内 GOOSE 启失灵、出口软压板，放上该装置检修压板；

b）退出 220kV 第一套母线保护内该间隔 GOOSE 启失灵接收软压板；

c）根据缺陷性质确认是否需将主变保护各侧 TA 短接划开、TV 回路划开；

d）如有需要可取下该 500kV 第一套主变保护背板光纤。

（b）缺陷处理后传动试验时的安全措施：

a）退出对应 500kV 第一套母线保护内该边断路器保护 GOOSE 启失灵接收软压板；

b）退出第一套边断路器保护 GOOSE 启失灵软压板，放上装置检修压板；

c）退出 220kV 第一套母线保护内运行间隔 GOOSE 出口软压板、失灵联跳软压板，放上该母线保护检修压板；

d）退出第一套中断路器保护内至运行间隔 GOOSE 启失灵、出口软压板，放上第一套中断路器保护检修压板；

e）取下该主变间隔各侧第一套智能终端出口硬压板，放上各智能终端检修压板；

f）如主变有跳 220kV 母联/母分智能终端回路，则取下 220kV 母联/母分第一套智能终端出口硬压板，放上该智能终端检修压板，同时退出相应母联/母分保护 GOOSE 发送软压板；

g）放上该 500kV 第一套主变保护检修压板；

h）将该间隔主变保护各侧 TA 短接划开、TV 回路划开；

i）本安全措施方案可传动至各相关智能终端出口硬压板，如有必要可停役一次设备做完整的整组传动试验。

2）断路器保护（以边断路器第一套保护为例）。

（a）缺陷处理时的安全措施：

a）退出对应500kV第一套母线保护内该断路器保护GOOSE启失灵接收软压板；

b）退出500kV第一套主变保护内该断路器保护GOOSE失灵联跳接收软压板；

c）退出第一套边断路器保护GOOSE出口软压板、启失灵软压板，放上装置检修压板；

d）根据缺陷性质确认是否需将断路器保护内TA短接划开、TV回路划开；

e）如有需要可取下第一套断路器保护背板光纤。

（b）缺陷处理后传动试验时的安全措施：

a）退出对应500kV第一套母线保护内运行间隔GOOSE出口软压板，放上该母线保护检修压板；

b）退出500kV主变第一套保护内至运行间隔GOOSE出口软压板、启失灵软压板，放上该主变保护检修压板；

c）退出第一套中断路器保护内至运行间隔GOOSE出口软压板、启失灵软压板，放上该中断路器保护、边断路器第一套保护检修压板；

d）退出220kV第一套母线保护内该主变220kV侧GOOSE启失灵接收软压板；

e）取下边、中断路器第一套智能终端出口硬压板，放上边、中智能终端检修压板；

f）将该断路器保护内TA短接划开、TV回路划开；

g）该安全措施方案可传动至边、中断路器智能终端出口硬压板，如有必要可停役相关一次设备做完整的整组传动试验。

3）智能终端（以500kV侧边断路器智能终端为例）。

（a）缺陷处理时的安全措施：

a）取下该边断路器第一套智能终端出口硬压板，放上装置检修压板；

b）退出边断路器第一套保护 GOOSE 出口软压板、启失灵软压板；

c）如有需要可取下该智能终端背板光纤。

（b）缺陷处理后传动试验时的安全措施：

a）退出对应 500kV 第一套母线保护内运行间隔 GOOSE 出口软压板，放上该母线保护检修压板；

b）退出 500kV 主变第一套保护内至运行间隔 GOOSE 出口软压板、启失灵发送软压板，放上该主变保护检修压板；

c）退出 220kV 第一套母线保护内该主变 220kV 侧 GOOSE 启失灵接收软压板；

d）退出该中断路器第一套保护内至运行间隔 GOOSE 失灵、出口软压板，放上该中断路器保护检修压板；

e）退出该边断路器第一套保护内 GOOSE 失灵发送软压板，放上该边断路器保护检修压板；

f）取下该边断路器第一套智能终端出口硬压板，放上装置检修压板；

g）该安全措施方案可传动至该边断路器智能终端出口硬压板，如有必要可停役相关一次设备做完整的整组传动试验。

2. SV 采样、GOOSE 跳闸模式 500kV 主变间隔校验及消缺安全措施案例

以 500kV 变电站第一套主变保护为例，采用 SV 直采、GOOSE 直跳模式的典型配置及其网络联系示意图如图 3.7 所示。

安全措施实施细则（以 3/2 完整串接线中的 500kV 第一套主变保护为例）如下。

（1）一次设备停电情况下，500kV 主变间隔校验安全措施（含边、中断路器保护）。

1）采用电子式互感器。

（a）退出对应 500kV 第一套母线保护内该间隔 SV 接收软压板、GOOSE 启失灵接收软压板。

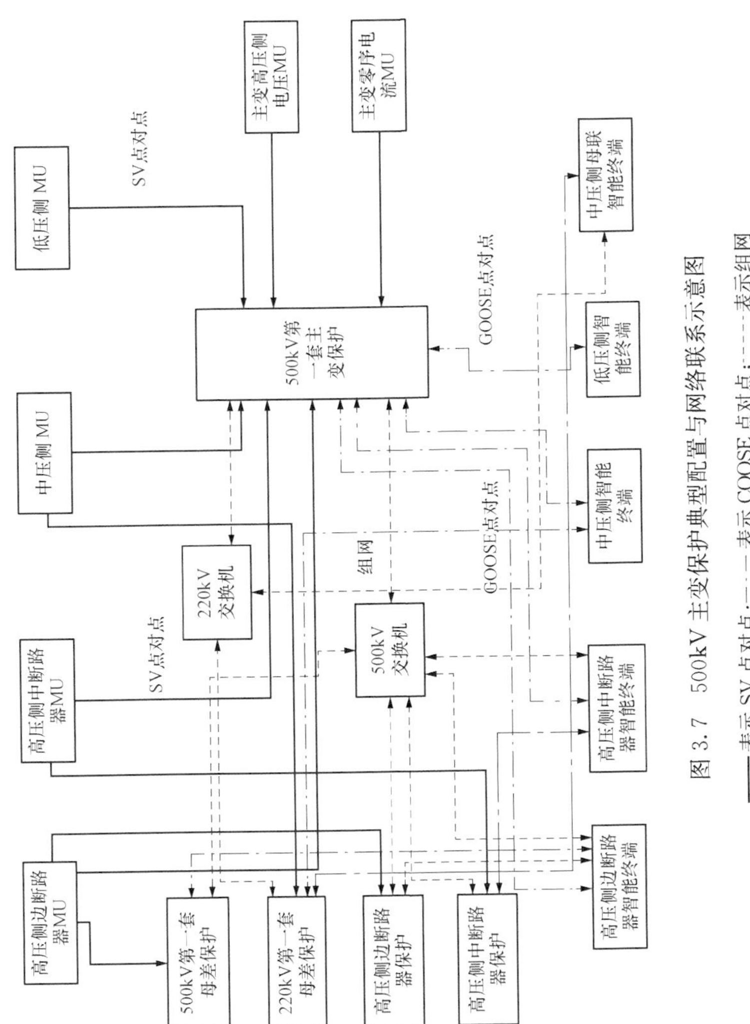

图 3.7　500kV 主变保护典型配置与网络联系示意图

——表示 SV 点对点；—·—表示 COOSE 点对点；------表示组网

（b）退出220kV第一套母线保护内该间隔SV接收软压板、GOOSE启失灵接收软压板，投入母线保护内该间隔的隔离开关强制软压板。

（c）退出同串运行间隔的第一套保护内中断路器SV接收软压板。

（d）退出该500kV第一套主变保护内220kV侧GOOSE启失灵发送软压板及至运行设备（如220kV母联/母分）GOOSE发送软压板。

（e）退出第一套边断路器保护内至500kV第一套母线保护GOOSE启失灵发送软压板。

（f）退出第一套中断路器保护内至运行设备（如同串运行间隔的第一套保护、智能终端）GOOSE启失灵、出口软压板。

（g）放上500kV第一套主变保护、边、中断路器保护、各侧合并单元及智能终端检修压板。

2）采用传统互感器。

（a）退出对应500kV第一套母线保护内该间隔SV接收软压板、GOOSE启失灵接收软压板。

（b）退出220kV第一套母线保护内该间隔SV接收软压板、GOOSE启失灵接收软压板，投入母线保护内该间隔的隔离开关强制软压板。

（c）退出同串运行间隔的第一套保护内该中断路器SV接收软压板。

（d）退出该500kV第一套主变保护内220kV侧GOOSE启失灵发送软压板及至运行设备（如220kV母联/母分）GOOSE发送软压板。

（e）退出第一套边断路器保护内至500kV第一套母线保护GOOSE启失灵发送软压板。

（f）退出第一套中断路器保护内至运行设备（如同串运行间隔的第一套保护、智能终端）GOOSE启失灵、出口软压板。

（g）放上500kV第一套主变保护、边、中断路器保护、各侧合并单元及智能终端检修压板。

（h）在合并单元端子排将TA短接并划开，TV回路划开。

（2）一次设备停电情况下，500kV 主变间隔与相关保护失灵回路传动试验时的安全措施。

1）退出同串运行间隔中第一套保护内中断路器 SV 接收软压板。

2）退出对应 500kV 第一套母线保护内运行间隔 GOOSE 发送软压板，放上该母线保护检修压板。

3）退出 220kV 第一套母线保护内运行间隔 GOOSE 发送软压板、失灵联跳软压板，放上该母线保护检修压板。

4）退出该 500kV 第一套主变保护至运行设备（如 220kV 母联/母分）GOOSE 出口软压板。

5）退出该中断路器第一套保护内至运行设备 GOOSE 失灵、出口软压板。

6）放上 500kV 第一套主变保护、边、中断路器保护及各侧合并单元、智能终端检修压板。

7）若是采用传统互感器，在合并单元端子排将 TA 短接并划开，TV 回路划开。

（3）一次设备不停电情况下，500kV 主变间隔装置缺陷处理时安全措施。

1）合并单元（以 500kV 边断路器合并单元为例）。

（a）合并单元缺陷时，申请停役相关受影响的保护，必要时申请停役一次设备。

（b）主变保护。

缺陷处理时的安全措施：

a）退出该 500kV 第一套主变保护 GOOSE 启失灵、出口软压板，放上装置检修压板；

b）退出 220kV 第一套母线保护该间隔 GOOSE 失灵接收软压板；

c）如有需要可取下该 500kV 第一套主变保护背板光纤。

缺陷处理后传动试验时的安全措施：

a）退出对应 500kV 第一套母线保护内该边断路器保护 GOOSE 启失灵接收

软压板；

b）退出第一套边断路器保护 GOOSE 启失灵软压板，放上装置检修压板；

c）退出 220kV 第一套母线保护内运行间隔 GOOSE 出口软压板、失灵联跳软压板，放上该母线保护检修压板；

d）退出第一套中断路器保护内至运行间隔 GOOSE 失灵、出口软压板，放上该中断路器保护检修压板；

e）取下该主变间隔各侧第一套智能终端出口硬压板，放上各智能终端检修压板；

f）如主变有跳 220kV 母联/母分智能终端回路，则取下 220kV 母联/母分第一套智能终端出口硬压板，放上该智能终端检修压板，同时退出相应母联/母分保护 GOOSE 发送软压板；

g）放上该 500kV 第一套主变保护检修压板；

h）本安全措施方案可传动至各相关智能终端出口硬压板，如有必要可停役一次设备做完整的整组传动试验。

（c）断路器保护（以边断路器第一套保护为例）。

缺陷处理时的安全措施：

a）退出对应 500kV 第一套母线保护内该断路器保护 GOOSE 启失灵接收软压板；

b）退出 500kV 第一套主变保护内该断路器保护 GOOSE 失灵联跳接收软压板；

c）退出第一套边断路器保护 GOOSE 出口软压板、启失灵软压板，放上该装置检修压板；

d）如有需要可取下边断路器第一套保护背板光纤。

缺陷处理后传动试验时的安全措施：

a）退出对应 500kV 第一套母线保护内运行间隔 GOOSE 出口软压板，放上该母线保护检修压板；

b）退出 500kV 主变第一套保护内至运行间隔 GOOSE 出口软压板、启失灵软压板，放上该主变保护检修压板；

c）退出第一套中断路器保护内至运行间隔GOOSE出口软压板、启失灵软压板，放上该中断路器保护、边断路器保护检修压板；

d）退出220kV母线保护内该主变220kV侧GOOSE启失灵接收软压板；

e）取下边、中断路器第一套智能终端出口硬压板，放上边、中智能终端检修压板；

f）该种安全措施方案可传动至边、中断路器智能终端出口硬压板，如有必要可停役相关一次设备做完整的整组传动试验。

（d）智能终端（以500kV侧边断路器智能终端为例）。

缺陷处理时的安全措施：

a）退出边断路器第一套保护GOOSE出口软压板、启失灵软压板；

b）取下该智能终端出口硬压板，放上装置检修压板；

c）如有需要可取下该智能终端背板光纤。

缺陷处理后传动试验时的安全措施：

a）退出对应500kV第一套母线保护内运行间隔GOOSE出口软压板，放上该母线保护检修压板；

b）退出500kV主变第一套保护内至运行间隔GOOSE出口软压板、启失灵发送软压板，放上该主变保护检修压板；

c）退出220kV第一套母线保护内该主变220kV侧GOOSE启失灵接收软压板；

d）退出该中断路器第一套保护内至运行间隔GOOSE失灵、出口软压板，放上该中断路器保护检修压板；

e）退出该边断路器第一套保护内GOOSE失灵发送软压板，放上该边断路器保护检修压板；

f）取下该边断路器第一套智能终端出口硬压板，放上装置检修压板；

g）该种安全措施方案可传动至该边断路器智能终端出口硬压板，如有必要可停役相关一次设备做完整的整组传动试验。

第 4 章　保护装置典型缺陷分析与处理

4.1　继电保护装置通用缺陷及其处理流程

4.1.1　保护装置运行灯灭

1. 故障现象及影响

保护装置“运行监视”灯灭，“异常”灯亮，如图 4.1、图 4.2 所示。保护装置显示出错报文，保护装置被闭锁。

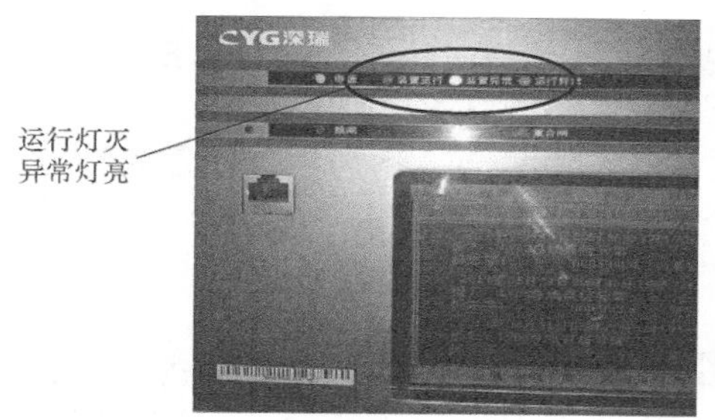

图 4.1　线路保护装置异常状态

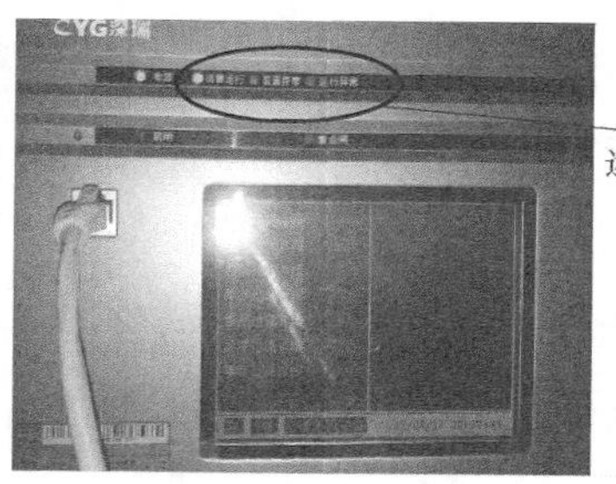

图 4.2　线路保护装置正常状态

2. 安全措施与注意事项

继电保护装置的状态分为跳闸和信号两种，信号位置时与跳闸位置投入的项目相同，只是保护压板不投在跳闸位置，而是投在信号位置，保护动作后只发信号不跳闸。保护装置为单套时，应将对应间隔改成冷备用状态；保护装置为双套时，应将相应保护由跳闸改信号。当保护单套配置时，若保护装置状态改为信号，由于一次设备不可无保护运行，需将一次设备由运行改为冷备用状态，即断开保护相应的断路器及断路器两侧的隔离开关。下文中跳闸、信号、冷备用状态不再赘述。

消缺工作前根据装置报文判断告警原因，当报文中存在程序出错信息时，保护装置实际是被闭锁的，应立即将保护改信号，防止在消缺时发生保护误出口跳闸。

3. 缺陷原因诊断及分析

保护装置运行灯灭，故障原因主要有装置电源插件故障、面板故障或 CPU 插件故障。若装置输入直流电压正常而输出不正常，则可判断为电源板故障；若装置直流电源输入、输出均正常，则可以判断仅为面板故障引起；若装置电源板、面板均正常，则可以判断可能为 CPU 插件故障引起运行灯闪烁。

4. 缺陷处理流程

图 4.3 所示为保护装置运行灯灭缺陷处理流程图。

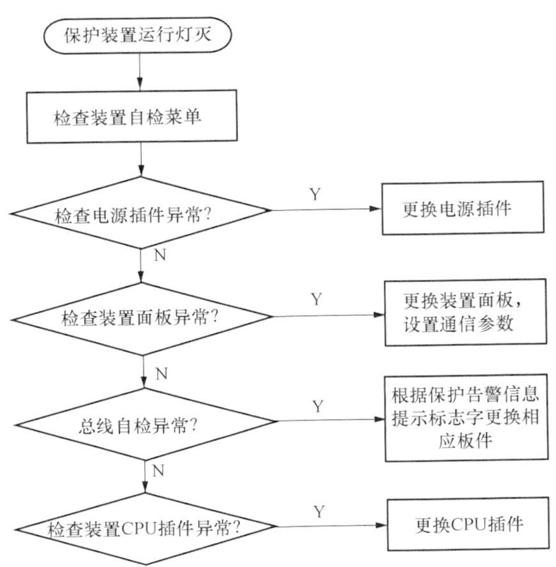

图 4.3　保护装置运行灯灭缺陷处理流程图

（1）调取后台报文，进入保护装置自检菜单，根据自检报文初步判断故障原因。

（2）电源插件故障。断开保护装置直流电源，检查电源插件外观是否存在明显的故障点。若发现电源插件故障，应立即更换电源插件。更换电源插件后进行相应检查，确保装置恢复正常。

注意：新更换的电源插件直流电源额定电压应与原保护装置的直流电源额定电压相一致。

（3）装置面板故障。若装置报文没有明显出错指示，且装置面板告警灯不亮，则应检查装置面板是否存在故障，从而导致运行指示灯显示不正常。打开装置面板，查看装置面板及指示灯两端电压是否正常。若发现指示灯故障或面板上存在排线、电源不正常时，应进行更换。

注意：需要确定面板的选型和版本是否匹配，防止因面板不匹配导致再次异常；应先对新面板的通信地址、通信串口设置按原面板的参数进行设置，然后方可恢复通信线。

（4）当自检报文为“LVDS总线自检异常”时，检查保护告警信息提示标志字，根据最后一位数字确定损坏板件。例如，标志字为00050004，即接收4号板件（开入板）的总线信息异常，更换相应板件即可。

（5）CPU插件异常时，首先进行如下检查：①查看各插件是否紧固；②检查装置CPU插件上各芯片是否插紧；③检查装置内部温度是否过热，否则应采取散热措施。然后合上装置直流电源，重启装置，查看能否恢复正常。若不能恢复，应更换CPU插件。

注意：更换前后的两块CPU插件其硬件和软件版本需一致，更换后需按全校做好相关校验工作。

5. 消缺实例

2017年5月11日，后台报某220kV变电站110kV线路保护装置直流消失信号，运行人员重启装置后装置运行灯熄灭，告警灯点亮，同时装置面板弹出自检报文“LVDS总线自检异常”。

检修人员查阅说明书后发现，经 LVDS 总线通信过程中，LVDS 主板（7 号板）会逐一查询并接收各板的运行状态数据。当任何一块板件异常，主板收不到其数据或者校验接收的数据错误时，报 LVDS 总线自检异常。同时，对于重要板件（如 CPU）检测出 LVDS 总线自检异常时，保护装置运行灯熄灭，装置故障（直流消失）继电器闭合，告知用户保护装置发生了严重故障。

检修人员根据图 4.3 所示消缺处理流程，现场更换 CPU 插件后，装置告警消除，现场恢复保护投入运行。

4.1.2 保护装置 SV 链路中断

1. 故障现象及影响

保护装置“TV 断线”或“TA 断线”灯亮，“装置告警”灯亮，如图 4.4 所示。保护装置 SV 断链，后台报保护 SV 总告警。装置相关保护功能被闭锁。

2. 安全措施与注意事项

保护装置为单套时，应将对应间隔改成冷备用状态；保护装置为双套时，应将相应保护由跳闸改信号。

消缺工作前根据装置报文判断告警原因，当出现 SV 总告警时，保护装置实际是被闭锁的，应立即将保护改信号，防止在消缺时发生保护误出口跳闸。

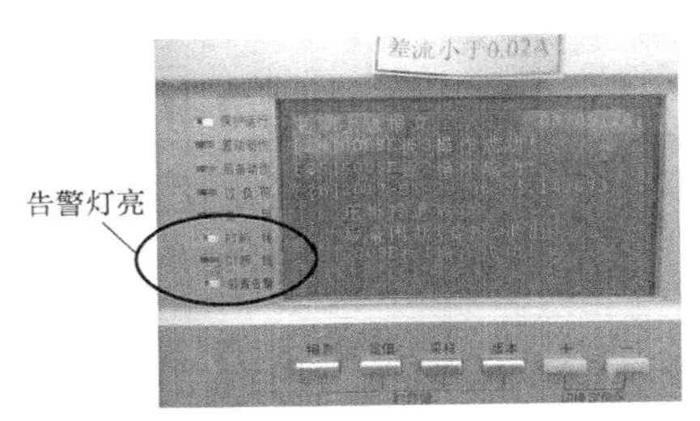

图 4.4 主变保护装置 SV 断链造成告警

3. 缺陷原因诊断及分析

保护装置 SV 断链，原因主要有合并单元故障、光纤链路或熔接接口故障和保护装置硬件故障。若合并单元有异常信号或多套与该合并单元相关的保护装置均有 SV 断链信号，则初步判断为合并单元故障。用万用表和钳形电流表检查输入合并单元的电压电流模拟量，若模拟量正常则判断为合并单元故障；若仅有本间隔保护 SV 链路中断信号，则应检查光纤链路是否完好，光纤衰耗、光功率是否正常。若光衰耗及光功率异常，则判断光纤或熔接接口故障；若光衰耗及光功率正常，进一步判断为保护装置硬件故障。在保护装置 SV 接收光纤处用数字式测试仪抓取 SV 报文，若报文正常，则判断为保护装置硬件故障。

4. 缺陷处理流程

图 4.5 所示为保护装置 SV 断链缺陷处理流程图。

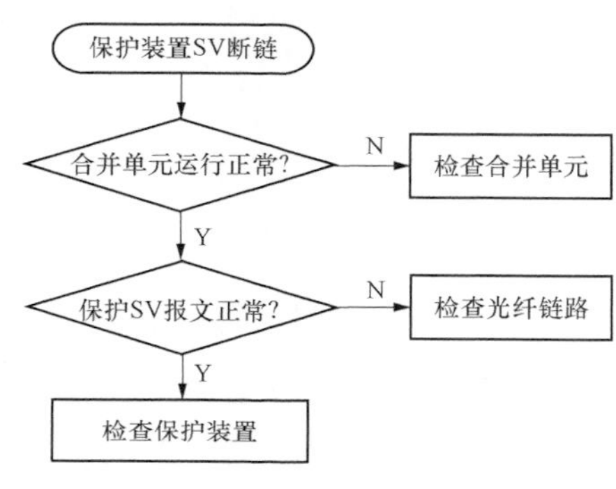

图 4.5　保护装置 SV 断链缺陷处理流程图

(1) 检查后台，保护装置的信号，抓取 SV 报文分析及测量光纤各接口光功率，初步判断故障原因。

(2) 合并单元故障。程序升级或更换板件，若电源板故障，更换后做电源模块试验，并检查所有与合并单元相关的链路通信正常及相关保护的采样值正常；若程序升级或更换 CPU 板、通信板，更换后进行完整的合并单元测试。

(3) 光纤链路或熔接口故障。更换备用芯或重新熔接光纤，更换后测试光功率正常，抓取 SV 报文正常，链路中断恢复。

(4) 保护装置故障。程序升级或更换板件，若电源板故障，更换后做电源模块试验，并检查所有与保护装置相关的链路通信正常及保护的采样值正常；若程序升级或更换 CPU 板 、通信板，更换后进行完整的保护功能测试。

5. 消缺实例

某 110kV 变电站后台报 1 号主变第二套主变保护 SV 总告警，1 号主变 10kV 测控 GOOSE 总告警；后台二维表显示 1 号主变第二套主变保护接收 1 号主变 10kV 第二套合并单元 SV 链路中断、1 号主变测控装置接收 1 号主变 10kV 第一套合并单元 SV、GOOSE 链路中断；1 号主变第二套主变保护装置“装置告警”灯亮、“TV 断线”灯亮。

经现场检查发现，1 号主变 10kV 两套合并单元装置本身正常，在合并单元

SV 发送端抓包，抓包报文正常；在保护装置、测控装置 SV 接收端光纤处抓包，发现报文异常，光纤衰耗过大，判断为光纤链路故障。对相应接收和发送光口做测试，最终发现问题在 1 号主变 10kV 第一、二套合并单元背板至电缆层 1 号主变保护 ODF 背板的光纤上，存在光纤断链、衰耗过大的现象。

检修人员根据图 4.5 所示消缺处理流程，现场重新施放预制光缆，做好标签，重新配线，完成封堵等工作后，装置告警消除；最后对各链路进行验证，验证无误后，现场恢复主变保护投入运行。

4.1.3　保护装置电压异常（断线）

1. 故障现象及影响

保护装置“TV 断线”灯亮，“报警”灯亮，如图 4.6 所示。后台报保护 TV 断线，保护测控装置告警。部分保护被闭锁。

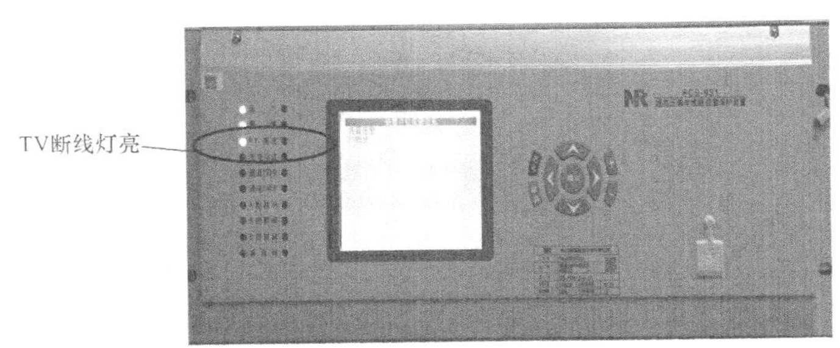

图 4.6　保护装置 TV 断线报警

2. 安全措施与注意事项

保护装置为单套时，应将对应间隔改成冷备用状态；保护装置为双套时，应将相应保护由跳闸改信号。

消缺工作前根据装置报文判断告警原因，当出现 TV 断线告警时，保护装置中与电压有关的保护如Ⅲ段式距离保护是被闭锁的，应立即将该类保护改信号，防止在消缺时发生保护误出口跳闸。

3. 缺陷原因诊断及分析

保护装置TV断线，原因主要有：①电压互感器实际二次侧电压不对称，满足保护TV断线判据；②二次侧电压正常保护装置采样元件故障。首先用数字式测试仪在保护装置接收口抓SV报文，查看其中电压是否正常。若电压正常，则初步判断为保护装置故障。若电压异常，再用万用表测量电压互感器二次侧电压是否正常。若电压互感器二次侧电压异常，则检查压变二次接线、分压电阻等。若电压互感器二次侧电压正常，再用万用表测量输入合并单元的电压是否正常，正常则初步判断为合并单元故障，异常则判断为压变至合并单元的电压二次侧发生断线。

4. 缺陷处理流程

图4.7所示为保护装置TV断线缺陷处理流程图。

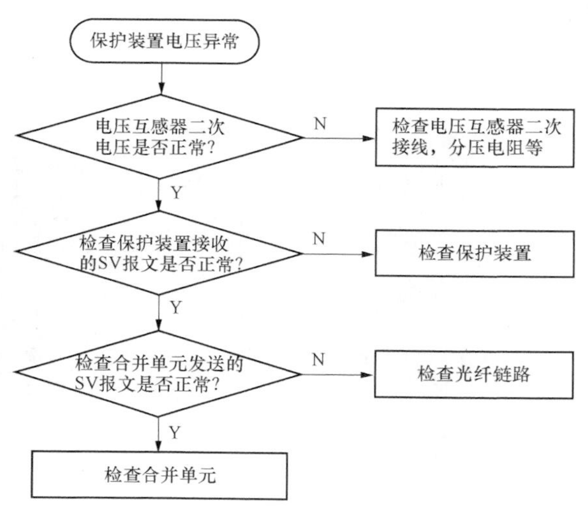

图4.7　保护装置TV断线缺陷处理流程图

(1) 检查后台，保护装置的信号，抓取报文分析，测量压变二次侧电压，初步判断故障原因。

(2) 合并单元故障。程序升级或更换板件，若电源板故障，更换后做电源模块试验，并检查所有与合并单元相关的链路通信正常及相关保护的采样值正常；若程序升级或更换CPU板、通信板，更换后进行完整的合并单元测试。

(3) 电压互感器传变异常。检查压变二次接线有无异常，二次分压电阻连接是否可靠，有无电缆松动。

(4) 保护装置故障。更换采样板，若电源板故障，更换后做电源模块试验，并检查所有与保护装置相关的链路通信正常及保护的采样值正常。

5. 消缺实例

2016 年 11 月，某 220kV 变电站某线路保护装置发出告警信号，二次检修人员检查保护装置、后台信号及故障录波器信号，发现该线路保护装置由于 TV 断线导致装置告警，告警原因是由于 B 相电压达到 69V，从而导致零序电压 $3U_0>9V$，达到 TV 断线报警条件。

经过仔细排查，找到了该线路保护装置告警的原因是线路 ECVT 处 B 相分压小电阻处接触不良，存在焊接松动的现象。此种现象颇为罕见、隐蔽性强。当 B 相焊接松动时，B 相采样会升高 70～90V，将导致保护装置 TV 断线，原有的距离保护等功能退出运行，发生故障时保护不动作，将严重威胁到设备安全和电网安全。

4.1.4 保护装置对时异常

1. 故障现象及影响

保护装置失步灯亮或同步灯灭，后台报保护对时异常，如图 4.8 所示。

2. 安全措施与注意事项

GPS 失步对保护跳合闸功能无影响，但会使装置时间不准，造成 SOE 报文时间不准确。保护装置应改信号状态。

3. 缺陷原因诊断及分析

保护装置对时异常，原因主要有 GPS 装置对时光口故障、光纤链路故障或保护装置故障。测量 GPS 装置背板上对时口光功率，若光功率低，则判断为

图 4.8　保护装置对时异常

GPS装置对时口光故障。若对时口光功率正常，则再测试保护背后GPS光纤中接收到的光功率。若接收的光功率偏低，则判断为光纤链路故障；若接收到的光功率正常，则判断为保护装置故障。

4. 缺陷处理流程

图4.9所示为保护装置对时异常缺陷处理流程图。

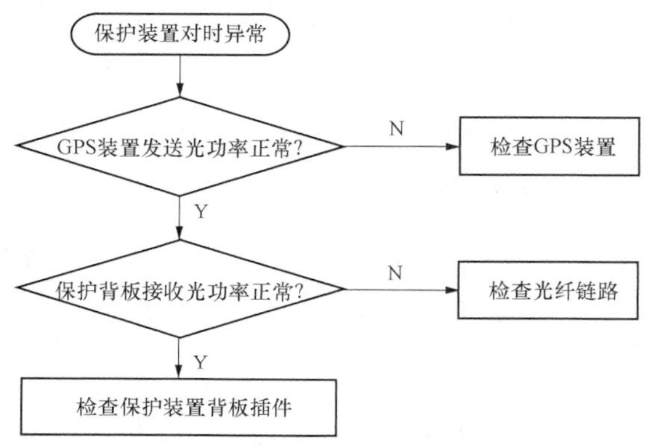

图4.9　保护装置对时异常缺陷处理流程图

(1) 检查后台。确定是否有多台装置报对时异常，若为多台报则可能是对时装置故障；若只有一台保护装置报，则可能是保护装置故障，也可能是对时装置对应输出口故障。

(2) GPS装置故障。对时装置故障，则程序升级或更换板件。若电源板故障，更换后做电源模块试验，并检查所有关联的装置对时恢复正常；若光口板故障，更换光口板后检查所有需要对时装置对时是否恢复正常。必要时联系厂家整机更换。

(3) GPS装置对时光口故障。测量GPS装置背后对时光口发出的光功率，如功率偏低则更换光功率正常的备用光口。若损坏的光口较多，无备用光口，则联系厂家进行整机更换。

(4) 光纤链路故障。若GPS装置背后对时光口发出的光功率正常，则测试保护装置背后对时光纤接收到的光功率；若功率偏低则更换备芯或重新熔接光纤。

(5) 保护装置故障。如保护装置背后对时光口发出的光功率正常，则判断是保护装置对时接收模块故障。更换板件，若电源板故障，更换后做电源模块试验，并检查所有与保护装置相关的链路通信正常及保护的采样值正常。

4.1.5　保护装置通信中断

1. 故障现象及影响

监控后台机或监控主站报保护装置通信中断，保护装置无法上传信息，影响设备运行状态监控，如图 4.10 所示。

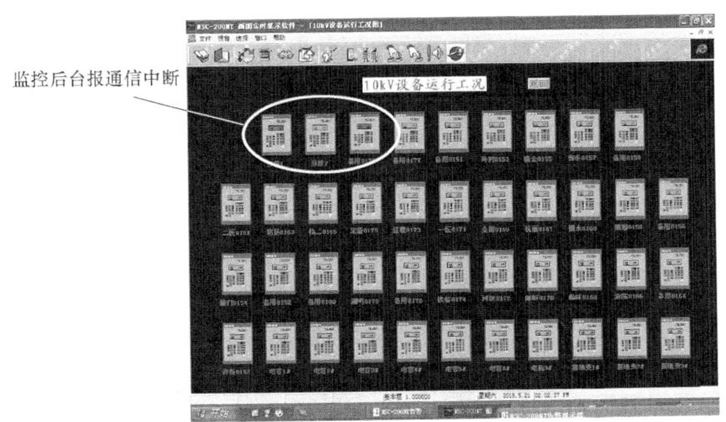

图 4.10　监控后台系统通信图报保护装置通道中断

2. 安全措施与注意事项

保护装置通信中断缺陷处理，可以在设备运行状态下进行，要做好防止人员误碰、设备误出口的措施，当需要更换保护装置插件时将相应保护改信号。

3. 缺陷原因诊断及分析

线路保护通信中断的主要原因有保护装置与自动化系统的通信出现问题、保护装置通信接口模块故障、保护装置通信面板故障或交换机故障。

面板显示正常，则一般由外部通信故障引起中断。检查通信线、端子接线、通信接口设备；黑屏且直流失电告警信号的出现，必定为装置电源失去或者电源插件故障；黑屏或面板乱码、闪烁，可能为面板故障或电源插件故障。

4. 缺陷处理流程

(1) 保护装置通信接口模块故障、通信接线松动。先查找保护装置至交换机之间的接线是否牢固、完好，交换机通信指示灯是否正常，保护装置面板显示是否正常，是否出现通信模块故障或是装置故障的告警。

缺陷处理方案：

1) 对相应的装置通信接线进行紧固。

2) 对保护装置进行重启。

3) 更换相关装置模块等处理对告警灯重新复归处理。

(2) 保护装置通信面板故障。保护装置通信面板故障会导致通信面板与CPU通信中断。

缺陷处理方案：

1) 检查保护装置否有报文或异常报文，对报文数据进行分析，根据故障码来进行相应处理。

2) 对保护装置进行重启，如果还没有恢复，则需要更换保护面板。

3) 检查其保护装置直流电源模块输出是否符合要求，如果不对则应更换。

(3) 交换机。交换机故障会造成单网络中断或是双网络中断，保护小室内的单一或所有保护装置、测控装置的通信全部中断。

缺陷处理方案：

1) 对网络传输设备及其接线进行排查，整固接线或进行重新插紧。

2) 检查交换机（包括站控层）信号灯指示是否正常，如停止不动，说明无交换数据，则对相应装置进行重启；重启失败时，则应测量其电源及电源模块输出是否正常。

3) 更换相关装置的直流电源模块。

图4.11所示为保护装置通信中断缺陷处理流程图。

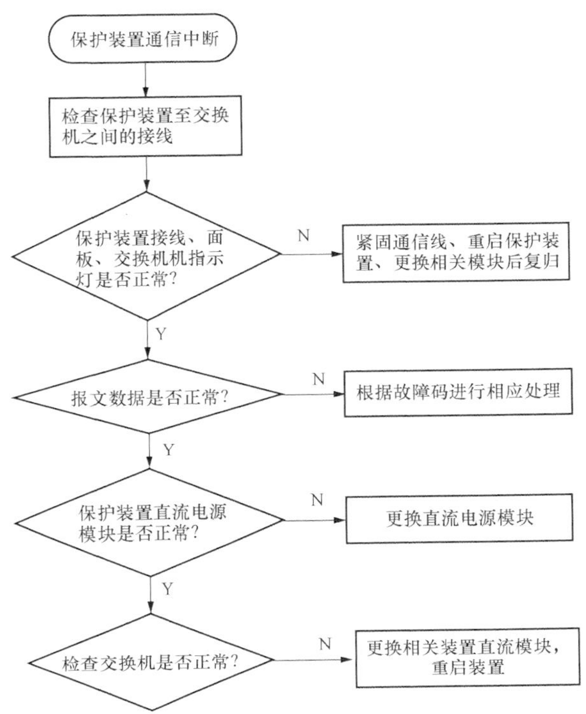

图 4.11 保护装置通信中断缺陷处理流程图

4.2 线路保护典型缺陷及其处理流程

线路第一（二）套保护有缺陷时会影响线路第一（二）套智能终端、第一（二）套合并单元、220kV 第一（二）套母线保护装置。

以线路第一套保护消缺工作为例，需要布置的典型安全措施有：投入 220kV 线路第一套保护检修压板，投入 220kV 线路第一套智能终端检修压板，退出 220kV 线路第一套智能终端跳合闸出口硬压板，投入 220kV 线路第一套保护检修压板，退出 220kV 线路第一套保护“GOOSE 启动失灵”软压板，220kV 线路对侧第一套保护改信号状态，断开 220kV 线路第一套保护的纵联光纤，解开智能组件一柜闭锁重合闸端子，投入 220kV 线路第一套智能终端检修压板，退出 220kV 线路第一套智能终端跳合闸出口硬压板，退出母线保护 GOOSE 启动失灵接收软压板。

4.2.1 装置通道中断

1. 故障现象及影响

光纤电流差动保护装置发“通道 A（B）通信异常”报文，装置面板上“通道告警”灯亮，如图 4.12 所示。将影响差动保护功能。

图 4.12 PCS-931 光纤电流差动保护装置通道中断

2. 安全措施与注意事项

线路两侧相应纵联保护需改为信号状态，工作时需对侧配合进行。

3. 缺陷原因诊断及分析

光纤电流差动保护装置的主保护为纵联差动保护，配置了两个光纤通信接口，能够实现一主一备双通道的通信方式。以 CSC 型保护为例：“告警”灯常亮表示有告警Ⅱ，不闭锁保护出口电源，“通道告警”灯亮表示通道中断或异常。通道异常时，主保护无法正常通信，后备保护则不受影响。出现光纤通道异常情况，故障原因主要有定值设置错误、光纤接口故障、光纤尾纤衰耗增加、光缆故障等。

通过下列步骤检查判断故障点：

（1）保护装置自环测试，功能不正常则可以判断为整定值设置错误或保护装置硬件故障（包括装置光纤接口故障）。

（2）当光纤自环试验正常，可在光纤通信配线架处分别测试光纤通道的功率或自环后进行保护功能试验，功能不正常则可以判断为保护装置尾纤连接故障。当为复用通道时，可改在复用接口装置的2M电口自环，判断复用接口装置是否有异常。

（3）对侧光纤通信配线架处分别测试光纤通道的功率或自环本侧后进行保护功能试验，功能不正常则可以判断为通信设备或光缆连接故障。

4．缺陷处理流程

图4.13为线路保护装置通道中断缺陷处理流程图。

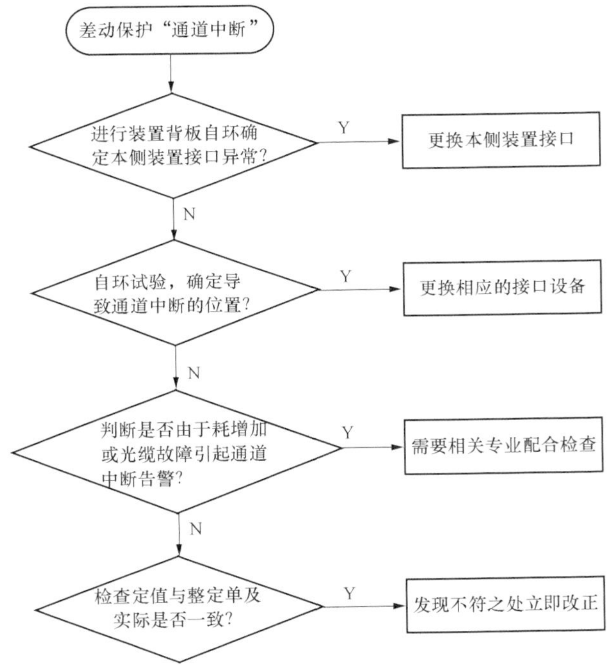

图4.13　线路保护装置通道中断缺陷处理流程图

（1）定值设置错误。首先应检查定值设置是否正确，包括通信速率、通信时钟、通道自环情况、保护功能控制字设置。

1）主机方式设置。应根据复用通道的不同类型，设置成主机方式或从机方式。两侧装置必须一侧整定为主机方式，另一侧整定为从机方式。

2）双通道设置。此位置“1”时，通道A、通道B任一通道故障时，报相应通道告警（只闭锁故障通道，不闭锁差动保护）；此位置“0”时，通道A、通道B两个通道全故障时，才报通道告警。在采用双通道时，将此位置“1”；在采用单通道时，将此位置“0”。

3）通信时钟的设置。此位置“1”时，通道选择外时钟；此位置“0”时，通道选择内时钟。采用专用通道时，此位置“0”；复用64kbps通道时，此位置“1”。

4）通信速率的设置。此位置“1”时，通道A选择2Mbps速率；此位置“0”时，通道A选择64kbps速率。在采用专用通道时，此位置“1”。

5）通道自环试验。在做通道自环实验或通道远方环回实验时，将此位置“1”；正常运行时，必须将此位置“0”。

缺陷处理方案：核对定值单，发现不符之处立即改正。

（2）光纤接口故障。将保护装置光纤尾纤从光纤接口断开，并做好标记。修改保护定值控制字，进行光纤自环试验。自环试验时应将控制字“通道环回实验”位置“1”，定值设为“主机方式”“内时钟”，将装置光纤口RX、TX用尾纤对接。若自环试验时，“通道告警”灯仍不能复归，则可判断为光纤接口故障。采用复用通道时，可将自环位置改在复用接口设备的2M电口上自环进行测试。

缺陷处理方案：CSC－103系列线路保护装置是主后一体的线路保护装置，处理时需要停用第一套线路保护。关闭保护装置电源，更换光纤接口插件；再次进行光纤自环试验，确认“通道告警”灯能够恢复时，再恢复光纤尾纤。

（3）光纤尾纤衰耗增加。当光纤自环试验正常，可在保护装置光纤接口处、光纤通信配线架处分别测试光纤通道的功率，需要两侧配合测试。通过实测本侧（对侧）的发信功率，收信功率，比对两侧光纤通道的衰耗，判断是否由于光线尾纤衰耗增加或光缆故障引起通道中断。一般1310nm波长发信功率为

－14dBm，接收灵敏度－40dBm，应保证收信裕度在 8dBm 以上（收信裕度＝收信功率－接收灵敏度）。若接收灵敏度不满足要求，应检查光纤通道的衰耗与光纤通道的实际长度，一般尾纤衰耗为 2dBm 以内，波长 1310nm 尾纤衰耗为 0.35dBm/km。

缺陷处理方案：光纤尾纤在保护屏内往往由于转折点多、放置不够规范等原因造成衰耗增加。首先应使用备用尾纤进行试验，以便尽快恢复；若无备用尾纤，则应仔细检查尾纤的放置，不得出现过大的转折和绑扎过紧等情况。对尾纤头部用专用工具进行清洁，再测量其衰耗。若尾纤头部已无法处理，可重新焊接光纤头，或者更换保护屏至光纤通信配线架的尾纤。

（4）光缆故障。当检查光纤尾纤没有出现衰耗过大的情况，而光纤通信配线架处的光信号功率却很低时，应询问对侧的发信功率是否正常。若对侧未出现异常，则可判断为光缆通道上存在故障。

缺陷处理方案：需要通信专业配合检查光缆终端塔、光电通信配线架等处的光线熔接情况，以及光信号功率，综合判断故障点。

5. 消缺实例

某 220kV 变电站某线路第一套线路保护装置通道告警灯亮，装置显示 A 通道异常。现场检查发现，保护装置背后通道发送及接收端光功率均正常，进行通道自环试验后告警仍不复归，判断为保护装置故障。

检修人员根据图 4.13 所示消缺处理流程，现场更换保护装置背板插件并将光纤、装置中控制字以及识别码恢复后，通道告警消除，保护装置报通道 A 通信恢复，现场恢复光纤差动保护投入运行。

4.2.2 装置重合闸无法充电

1. 故障现象及影响

保护装置重合闸充电灯不亮，如图 4.14 所示。

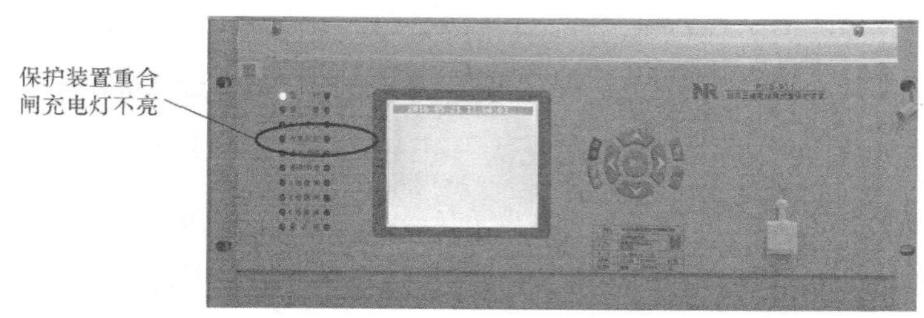

图 4.14　超高压线路保护装置充电完成指示灯不亮

2. 安全措施与注意事项

线路保护重合闸无法充电，若由运行方式与重合方式不对应引起的，则为正常情况；若由重合闸的相关压板投/退错误引起的，则更改压板状态；若判断为定值设置错误、二次回路或保护装置内部插件故障时，需将该线路间隔改冷备用状态进行处理。

3. 缺陷原因诊断及分析

造成线路保护重合闸无法充电的主要原因有：保护的运行状态（主要查阅定值，当重合闸投检无压或检同期方式时，“电压断线”告警信号会闭锁自动重合闸）、重合闸功能软压板是否投入、二次回路异常（“控制回路断线”“弹簧未储能”等异常信号使重合闸放电）、CPU 插件故障。

通过步骤以下检查判断故障点：

(1) 核对定值单确认重合闸是否投入。

(2) 再通过装置面板检查是否有闭锁重合闸开入，测量开入量电平。若有高电平开入则说明二次回路有故障；若开入无高电平仅装置有开入量显示，则可以判断为装置开入插件故障。

(3) 定值设置和开入量均正常，但重合闸依然不可充电，初步可以判断为保护装置 CPU 插件故障。

4. 缺陷处理流程

线路保护重合闸无法充电缺陷处理流程图如图 4.15 所示。

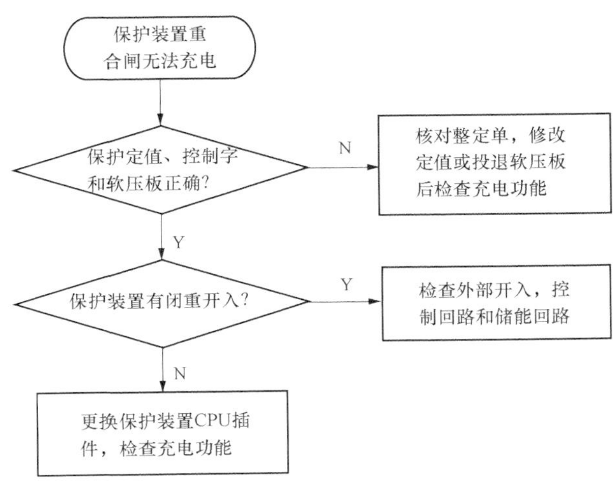

图 4.15　线路保护重合闸无法充电缺陷处理流程图

（1）整定值检查。检查保护装置实际整定值，与最新整定单核对，若发现有不一致之处，修改后重新做保护功能校验和传动试验，检查保护装置的充电功能、动作指示是否正确，并由运行人员验收核对。若由重合闸的相关压板投/退错误引起的，则更改软压板位置后查看充电功能是否正常。

（2）二次回路故障。若装置面板上有“控制回路断线”或“弹簧未储能”等告警信息，则继续检查外部开入，若外部的确有异常开入，应对控制回路或储能回路进行检查。

控制回路断线：检查开关机构内辅助触点是否接通，二次接线回路是否有断路现象；SF_6 断路器还应检查气压闭锁继电器触点是否接触良好。

弹簧未储能：检查储能电源空气开关或储能熔断器是否正常，检查储能回路是否完好、位置继电器触点是否到位，检查储能开关是否在接通位置，检查储能电机是否正常。

（3）开入插件故障。若外部无异常开入，仅装置面板上有“控制回路断线”或“弹簧未储能”等告警信息，则判断为保护装置开入插件故障。此时，处理方案为：断开保护装置直流电源空气开关，取出开入插件，并进行相关测试以确定故障点，对故障元件进行更换或直接更换开入插件。注意：新换的开入插件版本信息应与原版本相一致。更换后观察重合闸充电功能是否正常，并对各开入回路进行核对。

（4）保护装置CPU插件故障。若保护装置外部检查正常，装置无其他告警信息，则初步判断为保护装置CPU插件故障。此时，处理方案为：断开保护装置直流电源空气开关，将CPU插件抽出，并进行相关测试以确定故障点；对故障元件进行更换或直接更换CPU插件，更换后检查重合闸充电功能是否正常；保护装置恢复正常后依据整定单重新整定，做保护功能校验和传动试验，检查保护装置的动作是否正确，并由运行人员验收核对。

4.3 变压器保护典型缺陷及其处理流程

主变第一（二）套保护装置故障时会影响主变220kV第一（二）套智能终端、第一（二）套合并单元、220kV第一（二）套母线保护装置、主变110kV第一（二）套智能终端、第一（二）套合并单元、110kV1号母分智能终端、主变35kV第一（二）套智能终端、第一（二）套合并单元；110kV主变第一（二）套微机保护故障时会影响110kV备自投、110kV线路智能终端、110kV桥开关智能终端、主变10kV智能终端、10kV1号母分备自投。

进行主变保护消缺工作时，应将第一套主变保护改停用，第一套主变保护220、110kV及35kV三侧智能终端改停用。投入第一套主变保护检修压板，投入第一套主变保护220、110、35kV侧智能终端检修压板。退出第一套主变保护220、110、35kV侧智能终端保护跳合闸出口硬压板，投入第一套主变保护检修压板，退出第一套主变保护“GOOSE跳中分段1出口”软压板，退出第一套主变保护“GOOSE解母差复压”软压板，退出第一套主变保护“GOOSE启动高失灵”软压板，退出220kV第一套母线保护“主变失灵开入”软压板。退出变压器启动失灵、解除复压闭锁GOOSE接收压板。

4.3.1　保护装置差流越限告警

1. 故障现象及影响

变压器差动保护装置面板“运行异常”灯亮，且无法复归。装置显示报文：差流越限，监控后台报“差流越限”，如图 4.16 所示。

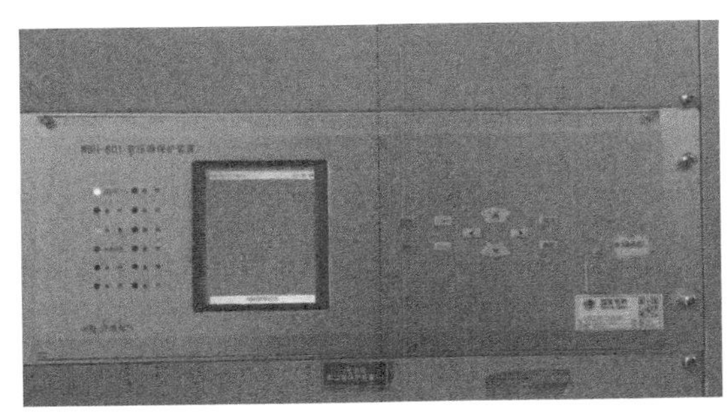

图 4.16　WBH-801 型变压器保护装置差流越限报警

2. 安全措施与注意事项

差动保护差流越限时应立即采取措施，及时进行处理，具体如下：

(1) 保护装置插件故障、定值问题时，必须停用差动保护，并做好相关试验。

(2) 需对电流二次回路处理时必须停用差动保护，并防止 TA 二次开路。

3. 缺陷原因诊断及分析

变压器保护装置运行时发生差流限越的故障原因主要有装置电流插件故障、定值设置错误、运行状态引起、电流二次回路异常。

该按以下步骤测试判断：用数字式测试仪抓取保护接收到的各侧 SV 报文，若 SV 报文中电流量正常而保护装置显示不正常，则可以判断为装置内部采样模块故障；若保护装置显示正常，则进一步到端子箱处用钳形电流表测试三侧的电流模拟量，测试电流若与 SV 报文中电流数值偏差较大，则可以判断问题在相应侧的合并单元上。若两者相近但电流数值有明显异常，则排除合并单元的问题，判断问题出在二次回路、电流互感器本体故障或本体上接线错误，特别注意电流大小和方向与变压器的变比、接线组别，以及电流互感器的变比、接线和保护装置的原理（转角方式和平衡系数）有关。

4. 缺陷处理流程

主变保护差流越限告警处理流程图如图 4.17 所示。

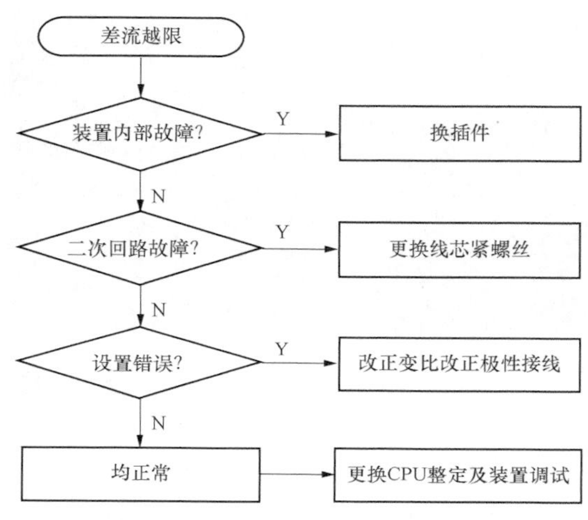

图 4.17　主变差流越限报警处理流程图

(1) 检查装置显示各侧电流与 SV 报文中电流值是否一致。使用数字式测试仪抓取保护接收到的 SV 报文。如报文输入与保护显示一致正常，用钳形电流表测量三侧电流模拟量，所得数据与保护装置采样数据比较，以确定合并单元的好坏。

(2) 合并单元故障。若回路测量各侧电流三相平衡、数值正常，装置显示电流异常，则判断为合并单元故障，更换相应采样插件。更换时应短接电流回路，防止电流回路开路。若未更换 CPU 插件，仅需做刻度及电流平衡试验，否则按全校要求做好相关试验。

(3) 二次回路异常。若钳形电流表测量单侧电流值不平衡值越限，则判断为二次回路故障。检查二次回路绝缘，是否有开路或两点接地现象。应重点检查二次回路端子箱内的电流端子排压板，进行紧固处理。检查电流回路连接电缆、配线、接地等是否有明显的松动、铜线搭壳、绝缘破损等情况，并进行处理。若合并单元处测得电流值与开关端子箱处电流值一致，但某相电流仍异常，则必须停电处理。

当发现存在回路端子松动、连接不良等情况时，应进行紧固。对于电流端子，应特别注意二次接线的压接情况，防止因为电缆芯剥离较短而压接在电缆芯绝缘皮上的情况。在这种情况下，往往表现为电流不平衡，出现似通非通的现象。

当发现在二次回路上存在电流端子损坏的情况，必须进行更换时，应根据现场实际情况，充分考虑可操作性和安全性，申请合适的设备状态进行处理。设备条件允许时，应停电处理；若无法停电处理，必须做好防止电流二次回路开路的措施后，进行更换端子排或大电流端子的操作。

若电流互感器至开关端子箱处电缆有问题，必须停电处理。对电流互感器二次接线引出处进行检查，该电缆的整体绝缘进行检查。若接线及绝缘检查正常，则需对电流互感器进行试验，确认电流互感器是否需更换。

（4）保护装置电流互感器变比、接线方式等参数设置错误。若保护装置显示各侧电流与回路钳形电流表测量电流值一致，需检查保护装置电流互感器变比、接线方式等参数设置，是否与实际、整定单一致。

（5）上述检查均正常。若上述检查均正常，更换CPU插件，并进行整定及装置调试。

4.3.2　保护装置软压板无法遥控

1. 故障现象及影响

后台遥控保护软压板后未生效，监控系统报遥控失败，如图4.18所示，影响设备正常遥控操作，该缺陷不影响保护功能。

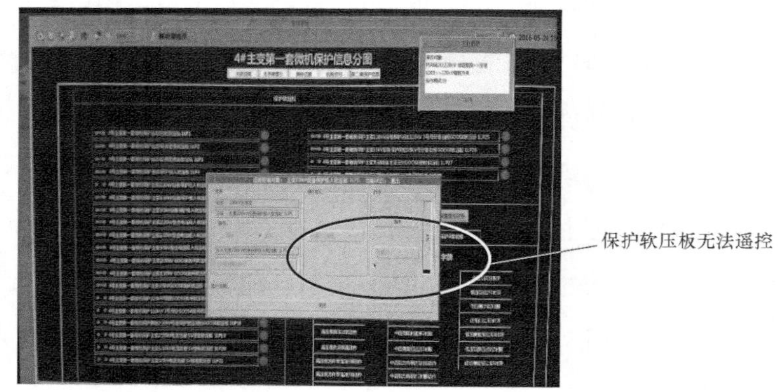

图 4.18　遥控软压板失败

2. 安全措施与注意事项

对保护装置进行遥控软压板测试、更换通信板或更改通信定值时需要将保护改信号状态。

3. 缺陷原因诊断及分析

后台遥控主变保护软压板后未生效，应逐一检查监控系统与保护装置的链路。

4. 缺陷处理流程

主变保护软压板无法遥控处理流程图如图 4.19 所示。

(1) 检查监控系统的运行状态是否正常，检查监控系统中软压板的状态及遥控操作的链接是否正确。

(2) 在监控系统中检查保护装置通信状态是否正常。如果状态异常，检查保护 MMS 通信链路是否正常。

(3) 检查保护装置有无报警，运行灯是否正常。

(4) 检查保护装置中的远方控制软、硬压板是否投入。

(5) 若远方控制软、硬压板已投入，仍无保护报文，需更换通信板件并重新下装配置。

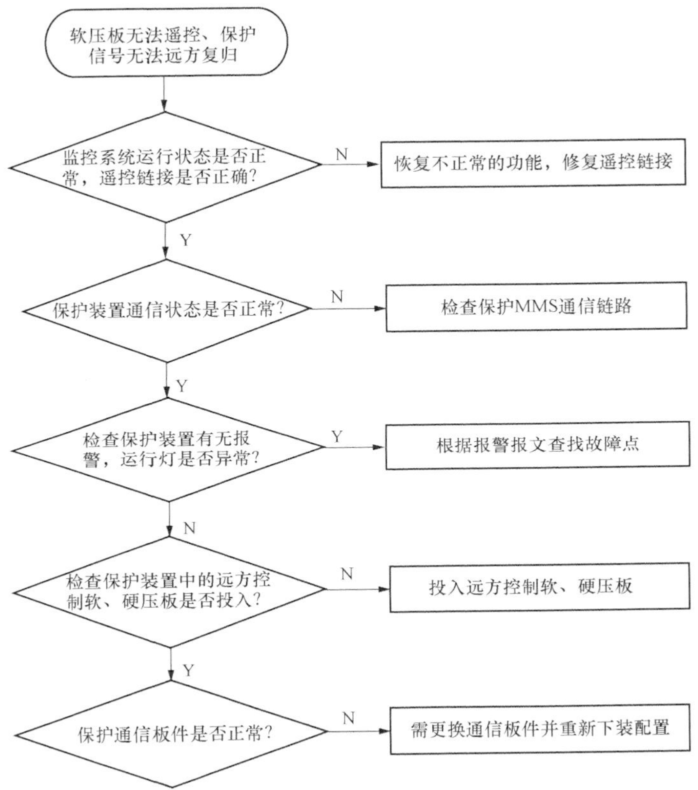

图4.19 主变保护软压板无法遥控处理流程图

4.4 母线保护典型缺陷及其处理流程

220kV第一（二）套母线保护装置异常时会影220kV各间隔第一（二）套智能终端、第一（二）套合并单元、第一（二）套保护及220kV母设第一（二）套合并单元；110kV母线保护装置异常时会影响110kV各间隔智能终端、合并单元及110kV母设第一（二）套合并单元。

此时，典型安全措施应将第一套220kV母线保护改停用。投入220kV第一套母线保护检修压板，依次退出220kV第一套母线保护“母联GOOSE发送”

“主变××GOOSE发送”“线路××GOOSE发送”“主变××失灵联跳”“Ⅰ母差动出口”“Ⅱ母差动出口”软压板，将母线保护背板所有SV、GOOSE光纤取下。

4.4.1 保护装置开入异常无法复归

1. 故障现象及影响

微机型母线保护发出“开入异常”“装置异常”告警，如图4-20所示。

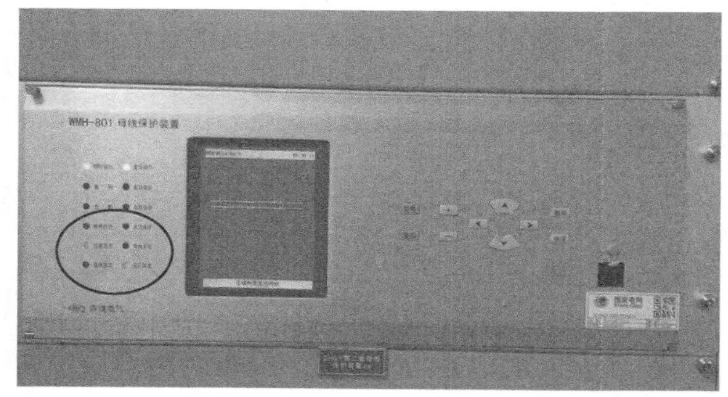

图4.20 母线保护开入异常报警

2. 安全措施与注意事项

若为隔离开关二次辅助回路故障，原则上应将对应间隔停电检查。若为智能终端异常，则按智能终端检修处理。若为链路异常，则按智能终端和保护装置都检修处理。若为其他保护装置异常，则按检修处理。若为保护装置异常，则按保护装置检修处理。

3. 缺陷原因诊断及分析

发生母线保护开入异常后，先对母线保护画面与实际运行方式进行比对，查看是否有隔离开关位置不对应，母线保护面板上灯是否正常，压板状态是否正确。

微机母线保护装置通常具备隔离开关辅助触点状态自动修正功能，当发现单个隔离开关辅助触点状态与实际不符时，可以通过各支路电流的分配情况进行自动修正，不影响母线保护的正常运行。当若多个隔离开关辅助触点同时出错（当然这种情况比较少见），则必须进行人工修正（在出现多个隔离开关触点位置不正确且无法自动修正情况下，微机母差两端母线小差会大于电流回路断线值，报母联电流回路断线，母线保护互联灯亮）。

4. 缺陷处理流程

母线保护开入异常无法复归缺陷处理流程图如图 4.21 所示。

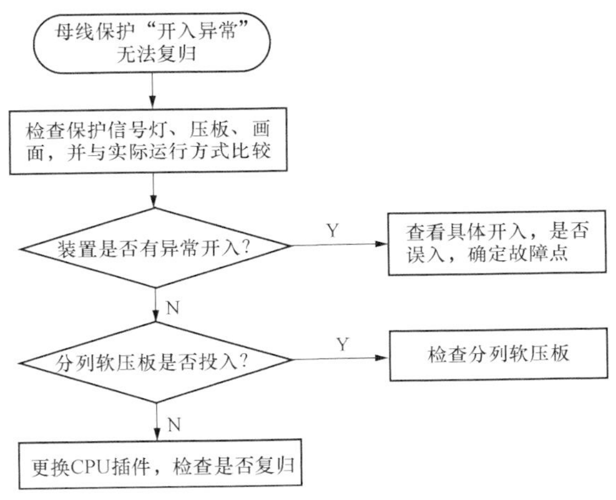

图 4.21　母线保护开入异常无法复归缺陷处理流程图

（1）隔离开关位置不正确。隔离开关位置与实际不符时，母线保护会报开入异常。

发现母线保护装置上隔离开关位置不正确后，应立即手动修改母线保护内部支路隔离开关位置，强制隔离开关位置与运行位置对应，以防止单母线故障时跳两条母线。用数字式测试仪抓取 GOOSE 报文，观察隔离开关位置开入是否正确。用万用表测量智能终端前开入电位，若判断隔离开关实际辅助触点问题，则配合一次人员不停电处理。

（2）智能终端异常。当智能终端异常，会造成开入母差保护的隔离开关位置与实际位置不一致，报开入异常。

处理方案：若判断智能终端异常，则应停用母差保护，更换智能终端相应插件，并在端子排上模拟隔离开关位置开入以检查智能终端。

(3) 失灵误开入。当交流电压正常，而失灵启动开入，则保护会报开入异常。

处理方案：检修人员可通过打印单或查看开入量确定哪条线路失灵误开入。查线路保护屏及电缆接线，查找线路保护失灵启动原理，查看是否有保护动作、失灵 GOOSE 开出以及开关位置变化，确定故障点。

(4) 分列软压板误投导致开入异常。当误投入分列运行软压板，保护会报开入异常。

处理方案：若保护内部有分列开入，检修人员检查保护屏分列软压板是否投入，从而导致分列误开入。

(5) 母联断路器位置开入不对应。母联位置采用双位置，当位置为“0 0”或者“1 1”时母线保护报开入异常。

处理方案：查看保护开入状态，并抓取 GOOSE 报文，测量外部接线电平，查找母联位置异常原因。

(6) 主变失灵解复压误开入。当交流电压正常时，若有主变失灵解复压开入，差动开放和失灵开放灯亮，并且报开入异常。

处理方案：若有此现象，需查看主变失灵解复压是否有误开入。检修人员可通过打印单或查看开入量确定哪台主变失灵解复压误开入。查主变保护屏及接线，查看是否有保护动作、失灵解复压 GOOSE 开出以及开关位置变化，确定故障点。

4.4.2 保护装置 GOOSE 链路中断

1. 故障现象及影响

后台及母线保护装置面板报某 GOOSE 链路通信中断信号。如图 4.22 所示，装置面板上“告警”灯亮，导致保护装置无法正确动作。

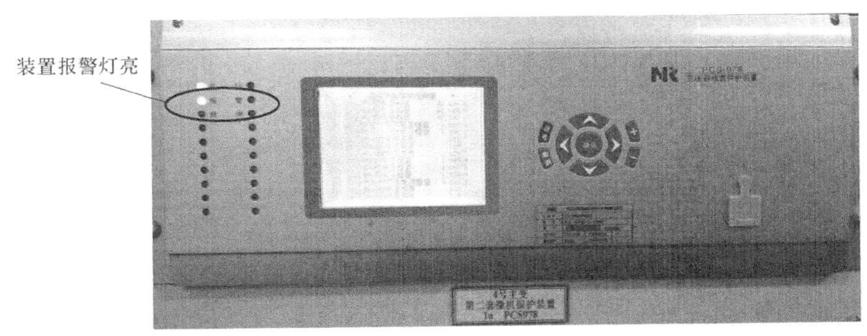

图 4.22　母线保护 GOOSE 链路通信中断导致装置报警

2. 安全措施与注意事项

若为智能终端异常，则按智能终端检修处理。若为链路异常，则按智能终端和保护装置都检修处理。若为保护装置异常，则按保护装置检修处理。

3. 缺陷原因诊断及分析

由保护装置面板告警信息可知，母线保护接收不到某间隔设备（保护、智能终端）的 GOOSE 数据，现场检查发现其他保护、测控接收该设备数据正常，根据该现象，初步断定母线保护与该设备之间出现异常。

以智能终端异常为例，因母线保护与智能终端之间为点对点模式，故怀疑对象为智能终端本身的发送口、直连光纤、保护装置接收口三者之一出现问题。对母线保护、智能终端检修处理，用抓包工具检查光纤是否有数据，由此确定哪个环节出现问题。

4. 缺陷处理流程

（1）虚回路检查思路。通过监控系统二维表、装置告警信息、面板指示灯及 SCD 文件确定中断的虚回路。对于点对点直连的虚回路，检查两侧装置光纤端口及光纤链路，确定故障点。对于组网的虚回路，可通过网络分析仪、抓包工具等方式检查交换机上的网络报文。多套设备同时发生 GOOSE 断链时，若有共同的虚回路发布端，则认为该发布端异常，若无则认为交换机故障。

（2）母线保护装置检查。在母线保护装置 GOOSE 接收端抓包，若抓包报文正常则判断为母线保护装置故障。母线保护装置故障，则需更换板件。若电源板故障，更换后做电源模块试验，并检查所有与保护装置相关的链路通信正常及保护的采样值正常；若更换 CPU 板、通信板，更换后须进行保护功能测试。

（3）间隔保护装置检查。在链路中断的保护装置 GOOSE 发送端抓包，若抓包报文异常（无 GOOSE 心跳报文、APPID、MAC 地址、GocbRef 不匹配），则判断为其他保护装置故障。某间隔保护装置故障，则需更换板件。若电源板故障，更换后做电源模块试验，并检查所有与保护装置相关的链路通信正常及保护的采样值正常；若更换 CPU 板、通信板，更换后须进行保护功能测试。

（4）光纤链路检查。若仅有某间隔保护 GOOSE 链路中断信号，则检查光纤是否完好，光纤衰耗、光功率是否正常，若异常则判断光纤或熔接口故障。光纤链路或交换机故障时，更换交换机或光纤，更换后测试光功率正常，链路中断恢复。

GOOSE 断链告警处理流程图如图 4.23 所示。

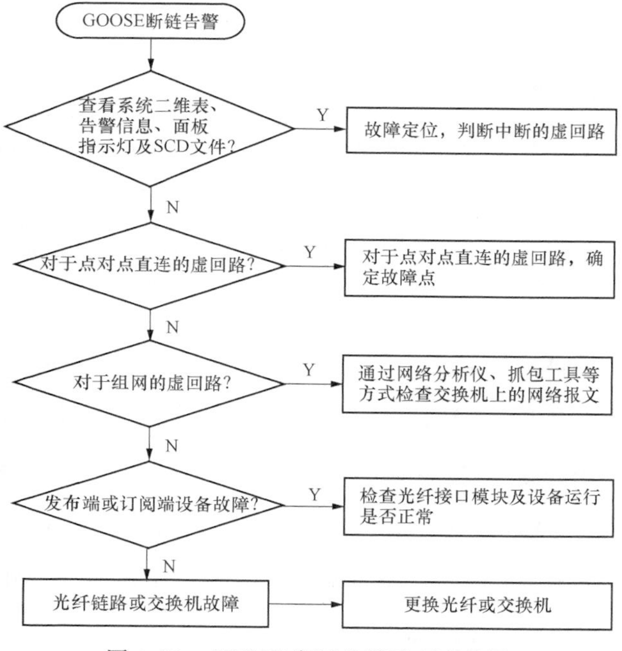

图 4.23　GOOSE 断链告警处理流程图

第5章　合并单元与智能终端典型缺陷分析与处理

5.1　合并单元典型缺陷及其处理流程

5.1.1　装置失电

1. 故障现象及影响

变电站监控后台报“合并单元失电告警”，合并单元终端与其他装置SV通信中断，面板信号灯全灭，如图5.1所示。影响所有与该合并单元相关的链路通信及SV数据，相关保护装置或测控装置告警，并退出相关保护功能。

图5.1　合并单元装置失电信号灯全灭

2. 安全措施与注意事项

对应的线路、母差、主变保护改信号。

3. 缺陷原因诊断及分析

检查后台，确认是否有直流异常告警信号；若无，则可能为装置电源板故障或装置直流空气开关故障。通过以下检查判断故障点：用万用表测量装置电源空气开关与装置电源板各处直流量值；若空气开关下端值异常，则空气开关故障；如装置电源端子上直流量值正常，输出电压量值异常则确认为装置电源板故障。

4. 缺陷处理流程

若为装置电源板故障，则需更换电源板，更换后做电源模块试验，并检查所有与合并单元相关的链路通信正常；若为空气开关故障，更换空气开关后确认装置正常启动。

合并单元装置失电处理流程图如图 5.2 所示。

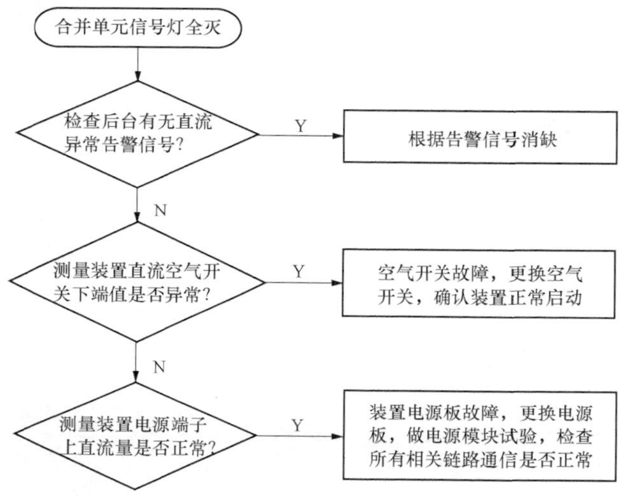

图 5.2 合并单元装置失电处理流程图

5.1.2 装置闭锁

1. 故障现象及影响

变电站监控后台报“合并单元装置闭锁”，合并单元“装置闭锁”信号灯亮，合并单元终端与其他装置 SV 通信中断，如图 5.3 所示。影响所有与该合并单元相关的链路通信及 SV 数据，相关保护装置或测控装置告警，并退出相关保护功能。

2. 安全措施与注意事项

对应的线路、母差、主变保护改信号。

3. 缺陷原因诊断及分析

故障的原因主要为装置硬件故障或软件故障。检查监控后台，确认和其通信的装置均报通信中断，再检查装置运行灯灭，告警灯点亮。

4. 缺陷处理流程

由厂家检查确认装置故障原因，若电源板故障，更换后做电源模块试验，并检查所有与合并单元相关的链路通信正常；若 DI、DO 板故障，更换后验证二次回路正常；若程序升级或更换 CPU 板，更换后需进行完整的合并单元测试。

图 5.3　合并单元装置闭锁导致测控装置 SV 采样中断告警

合并单元 CPU 故障时，不能正常发送采样报文。主变及其他相关装置均会报采样异常或采样中断信号。合并单元装置运行灯灭，告警灯点亮，合并单元闭锁开出通过另一套智能终端上送给测控。更换 CPU 后，检查发送的报文值正常，并对合并单元进行完整的测试。

合并单元装置闭锁处理流程图如图 5.4 所示。

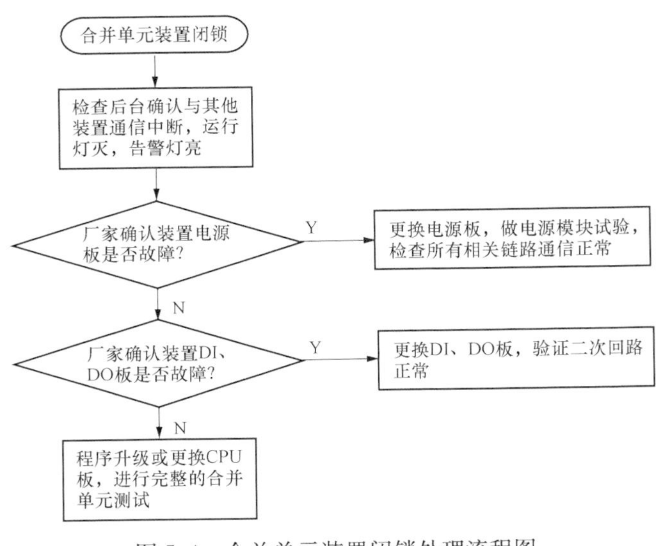

图 5.4　合并单元装置闭锁处理流程图

5.1.3 告警总

1. 故障现象及影响

变电站监控后台报“合并单元总告警”，合并单元“总告警”信号灯亮（见图 5.5），合并单元终端与其他装置 SV 通信中断。影响所有与该合并单元相关的链路通信及 SV 数据，相关保护装置或测控装置告警，并退出相关保护功能。

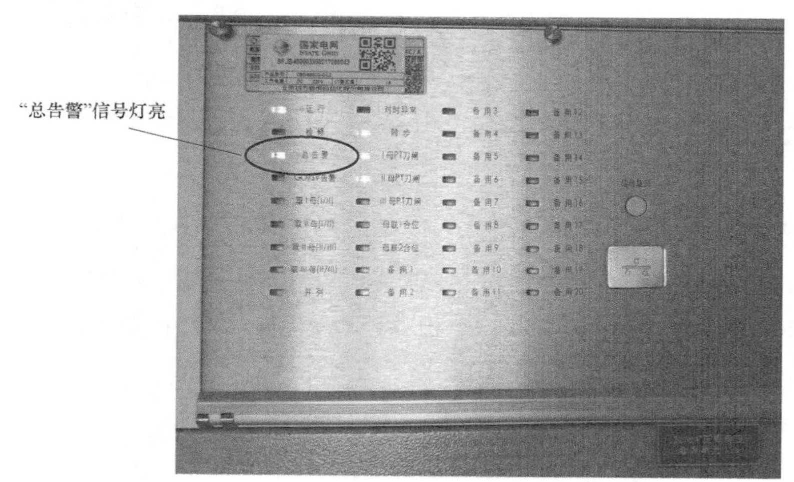

图 5.5　合并单元装置“总告警”信号灯亮

2. 安全措施与注意事项

对应的线路、母差、主变保护改信号。

3. 缺陷原因诊断及分析

检查监控后台，若合并单元有异常信号或多套与该合并单元相关的保护装置有 SV 断链信号，则初步判断为合并单元故障；检查合并单元，用工具在合并单元 SV 发送端抓包，如果抓到的合并单元报文均为无效或抓不到报文，则确认合并单元故障。

合并单元故障的主要原因有软件原因、电源板故障、DI 板故障、DO 板故障、CPU 板故障。

4. 缺陷处理流程

合并单元故障，则升级程序或更换板件。若电源板故障，更换后做电源模块试验，并检查所有与合并单元相关的链路通信正常；若 DI、DO 板故障，更换后验证二次回路正常；若升级程序或更换 CPU 板，更换后需进行完整的合并单元测试。

合并单元告警总处理流程图如图 5.6 所示。

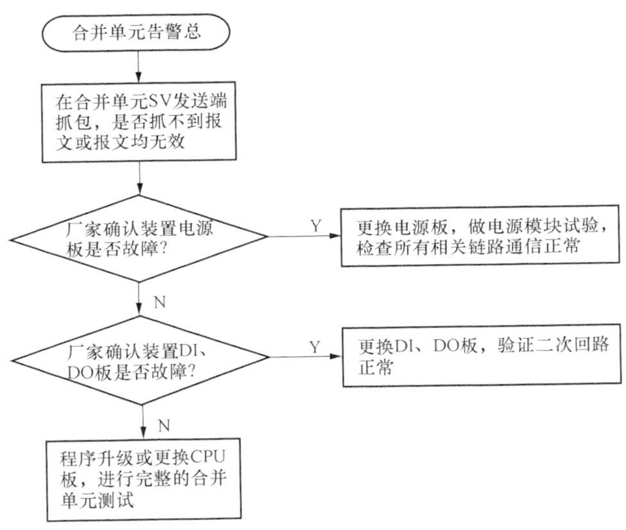

图 5.6　合并单元告警总处理流程图

5.1.4　失步

1. 故障现象及影响

变电站监控后台报“合并单元失步”，合并单元“同步异常”信号亮（见图 5.7），合并单元与其他装置 SV 数据被闭锁。影响所有与该合并单元相关的 SV 数据，相关保护装置或测控装置告警，并退出相关保护功能。

2. 安全措施与注意事项

进行缺陷处理时，对应的线路、母差、主变保护改信号。

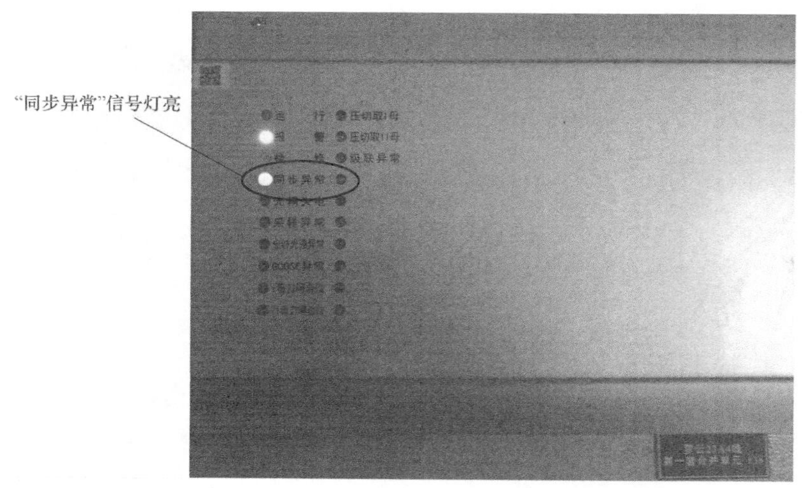

图 5.7　合并单元失步导致装置“同步异常”信号灯亮

3. 缺陷原因诊断及分析

故障的原因主要有：①GPS 对时装置原因；②对时光纤或熔接口故障；③合并单元的对时模件故障。

检查后台，若有多台合并单元同时报失步信号，则可能是 GPS 装置出现故障。如果只有本装置报失步信号，则检查 GPS 对时光纤是否完好，光纤衰耗、光功率是否正常，若异常则判断为光纤或熔接口故障。如果更换备用光纤或重新熔接检测正常后仍不能对时正常，需要更换对时模件。

4. 缺陷处理流程

若 GPS 对时装置故障，则需更换 GPS 装置，更换后查看全所装置对时信号。

若光纤或熔接口故障，则需更换备芯或重新熔接光纤，更换后测试光功率是否正常，链路中断是否恢复；若合并单元故障，则需更换对时板件，更换后检测对时信号是否正常。

合并单元失步处理流程图如图 5.8 所示。

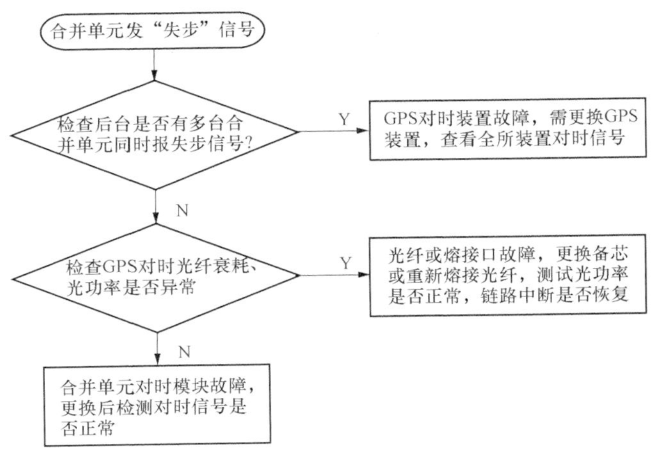

图 5.8　合并单元失步处理流程图

5.1.5　合并单元接收智能终端 GOOSE 链路中断

1. 故障现象及影响

变电站监控后台报“合并单元 GOOSE 链路中断”，合并单元“合并单元 GOOSE 链路异常”信号亮（见图 5.9），合并单元终端与智能终端间信号无法交换。故障影响合并单元的正常功能，暂时不影响所有与该合并单元相关的 SV 数据。

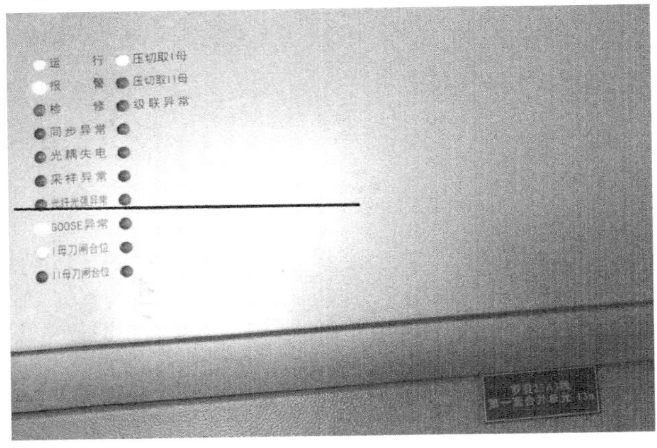

图 5.9　合并单元装置“GOOSE 异常”信号灯亮

2. 安全措施与注意事项

进行缺陷处理时，该套合并单元、智能终端检修，线路、主变、母线保护改信号。

3. 缺陷原因诊断及分析

检查后台信号，确定此智能终端该 GOOSE 的其他接收方（母差、测控、网分、录波等），若只有合并单元装置有 GOOSE 中断信号，则初步判断为交换机与合并单元通信故障；若组网接收此 GOOSE 信号的装置都报此中断信号，则初步判断为智能终端与交换机通信故障；若组网、点对点接收此 GOOSE 信号的装置都报中断，则初步判断为智能终端故障。

首先检查光纤是否完好，光纤衰耗、光功率是否正常，若异常则判断为光纤或熔接口故障；若光纤各参数正常，在智能终端发送端光纤处抓包，若报文异常则智能终端故障；在间隔合并单元 GOOSE 接收端光纤处抓包，若报文正常则间隔合并单元故障。

合并单元故障和智能终端故障的原因主要有软件运行异常、CPU 板故障、DI 板故障、DO 板故障。

4. 缺陷处理流程

合并单元故障，则需进行程序升级或更换板件。若电源板故障，更换电源板后做电源模块试验，并检查所有与合并单元相关的链路通信正常及相关保护的采样值正常；若 DI 板或 DO 板故障，更换后试验 DI 板、DO 板功能；若程序升级或更换 CPU 板，升级或更换后应进行完整的合并单元测试。

智能终端故障，则需进行程序升级或更换板件。若电源板故障，更换后做电源模块试验；若 DI 板或 DO 板故障，更换后试验 DI 板、DO 板功能。

合并单元 GOOSE 接收中断处理流程图如图 5.10 所示。

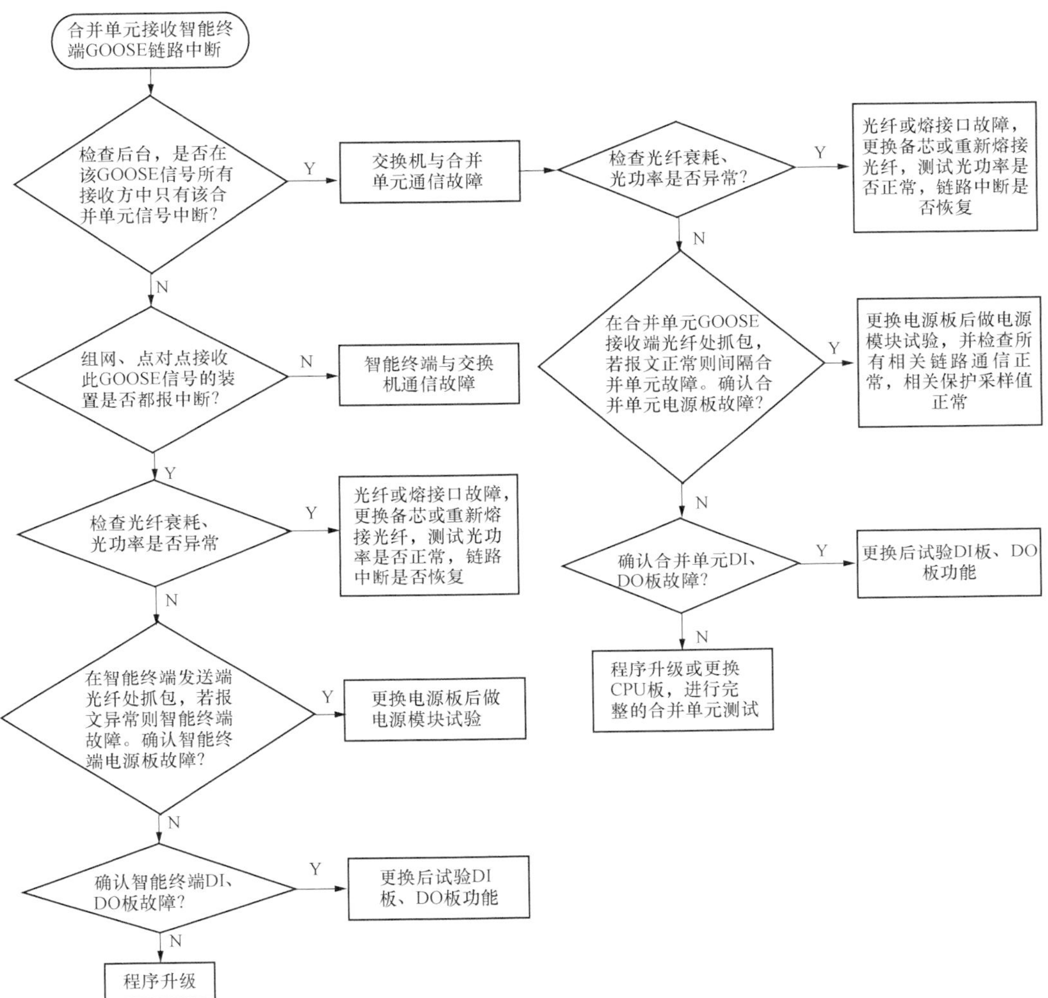

图5.10 合并单元GOOSE接收中断处理流程图

5.1.6 线路合并单元接收母设合并单元SV中断

1. 故障现象及影响

变电站监控后台报“线路合并单元SV中断”“母设合并单元SV中断”，合并单元“GO/SV告警”信号亮（见图5.11），线路保护报“TV断线”。线路合并单元接收母设合并单元SV中断，线路保护装置无法接收相关电压量。影响线路保护的正常运行，距离保护及方向保护退出运行。

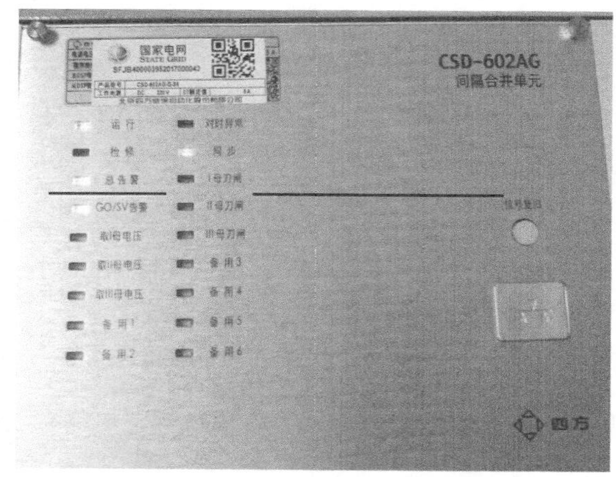

图 5.11　线路合并单元接收母设合并单元 SV 中断导致“GO/SV 告警”灯亮

2. 安全措施与注意事项

线路保护的距离、方向保护改信号。

3. 缺陷原因诊断及分析

查看后台告警信号，若多个合并单元都与母设合并单元链路断链或母设合并单元本身有异常信号上送，可初步判断为母设合并单元故障。

在母设合并单元处抓包（9-2 模式，若是 60044-8 级联应侧重检查两侧装置配置），若无报文或报文异常（如 mac、appid、svid、数据个数等错误），可判断为母设合并单元故障。

若母设合并单元正常，检查级联光纤是否完好，光纤衰耗、光功率是否正常，若异常，则判断为光纤或熔接口故障。

在线路合并单元接收光纤处抓包，若报文正常，可判断为线路合并单元故障。

母设合并单元和故障线路合并单元的原因主要有软件原因、CPU 板件故障、电源板件故障、通信板件故障、其他插件故障。

4. 缺陷处理流程

母设合并单元故障，若电源板故障，更换后做电源模块试验，并检查所有与母设合并单元相关的链路通信正常及采样正常；若程序升级或更换 CPU 板、通信板，更换后进行完整的合并单元测试；若其他插件故障，更换后测试该插件的功能。

线路合并单元故障，若电源板故障，更换后做电源模块试验，并检查所有与线路合并单元相关的链路通信正常；若程序升级或更换 CPU 板、通信板，更换后进行完整的合并单元功能测试；若其他插件故障，更换后测试该插件的功能。

光纤或熔接口故障，则更换备芯或重新熔接光纤，更换后测试光功率正常，链路中断恢复。

线路合并单元接收母设合并单元 SV 中断处理流程图如图 5.12 所示。

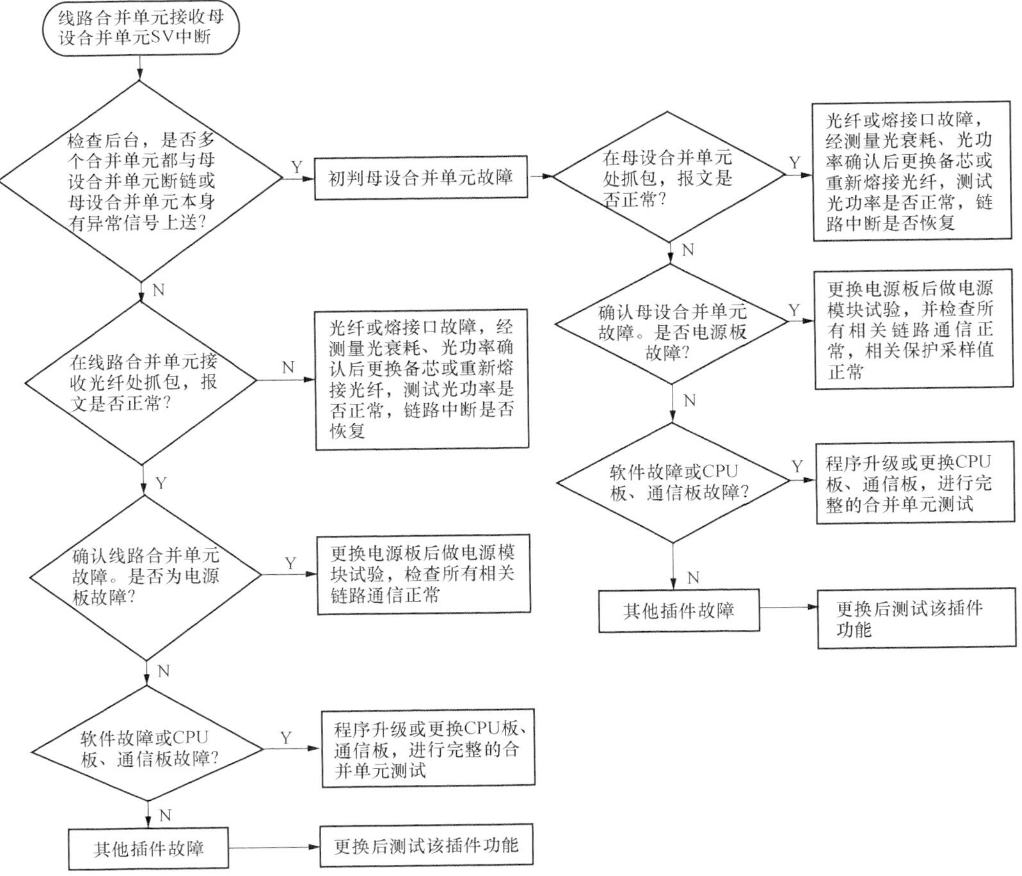

图 5.12　线路合并单元接收母设合并单元 SV 中断处理流程图

5.1.7 TV切换异常信号

1. 故障现象及影响

变电站监控后台报间隔切换装置“TV切换隔离开关位置无效、同时返回”信号，如图5.13所示。由于保护装置的保持作用，该异常信号暂时不影响保护装置的运行，但不允许操作对应的智能终端及切换装置的检修压板，为了防止交流失电，需要尽快处理。

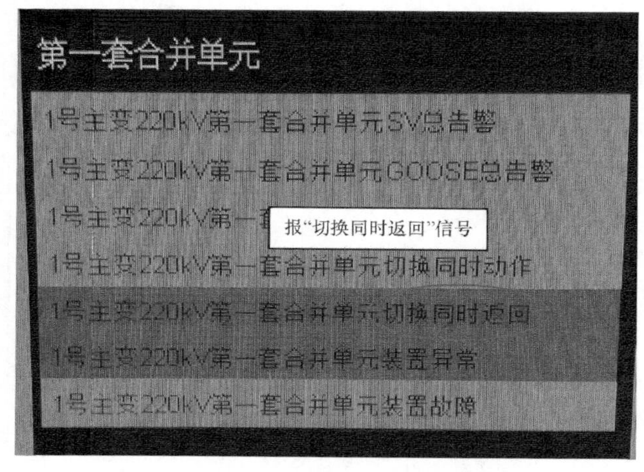

图5.13 TV切换异常导致监控后台报“切换同时返回”信号

2. 安全措施与注意事项

不允许操作对应的智能终端及切换装置的检修压板。

3. 缺陷原因诊断及分析

故障的主要原因可能为隔离开关问题：辅助触点或二次回路问题；智能终端故障：DI板故障；隔离开关问题：辅助触点或二次回路问题。

检查后台智能终端隔离开关1、隔离开关2位置，是否有无效、同时为分位现象，如有，则需检查一次隔离开关位置是否正常。

若隔离开关位置正常，在网络分析仪上检查智能终端发送的报文是否正确，如不正确，则检查二次回路中隔离开关强电开入电位是否正确。

如强电开入电位正确则智能终端 DI 板故障，若不正确则隔离开关的辅助触点或二次回路出现问题。

4. 缺陷处理流程

智能终端 DI 板故障，则更换端子或整块插件，更换后对该插件上的 DI 回路重新验证。

隔离开关辅助触点或二次回路问题，则采用测量电位方法，检查辅助触点和二次回路，涉及隔离开关辅助触点不到位原因时，需要一次人员配合；消除缺陷后确认强电开入电位正确，TV 切换异常信号返回。

TV 切换异常信号处理流程图如图 5.14 所示。

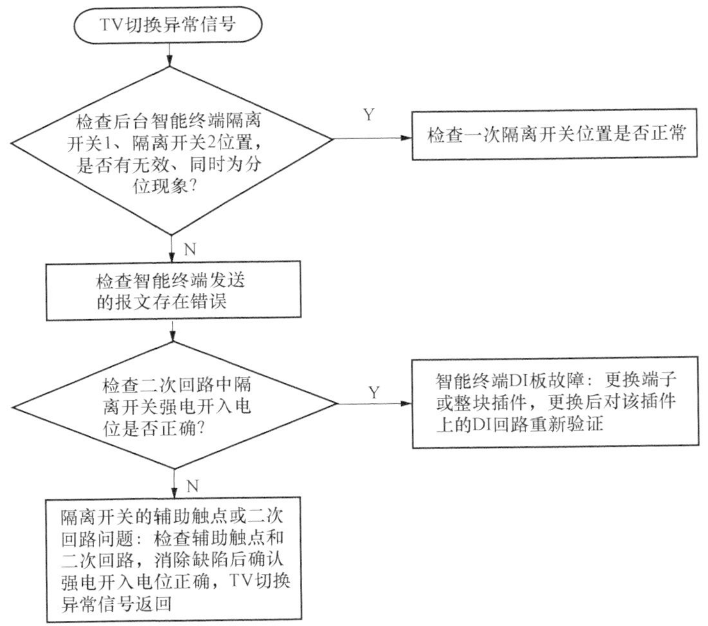

图 5.14　TV 切换异常信号处理流程图

5.1.8　TV 并列异常信号

1. 故障现象及影响

变电站监控后台报电压并列装置“TV 并列异常”信号，母设合并单元装置

“总告警”信号灯亮，Ⅰ母、Ⅱ母 TV 隔离开关合位灯亮，如图 5.15 所示。由于并列装置的保持作用，该异常信号暂时不影响保护装置的运行，但不允许操作对应的智能终端及并列装置的检修压板，为了防止交流失电，需要尽快处理。

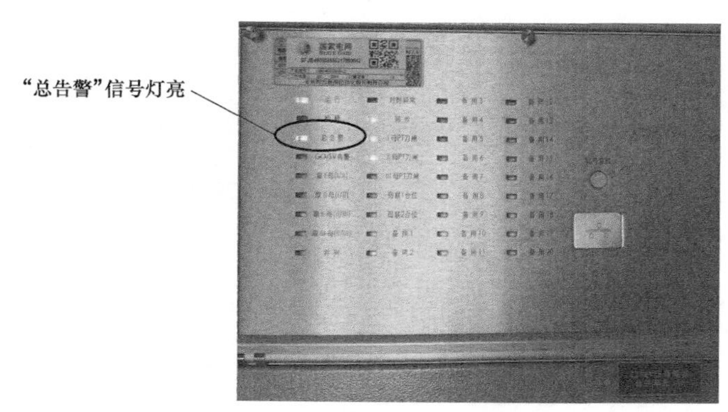

图 5.15　TV 并列异常导致母设合并单元“总告警”信号灯亮

2. 安全措施与注意事项

不允许操作对应的智能终端及切换装置的检修压板。

3. 缺陷原因诊断及分析

故障的主要原因可能为开关问题：辅助触点或二次回路问题；合并单元或智能终端故障：DI 板故障；TV 并列把手故障，Ⅰ并Ⅱ、Ⅱ并Ⅰ同时导通。

检查后台母联位置、隔离开关 1、隔离开关 2 位置，是否有无效情况，如有则需检查一次隔离开关位置是否正常。

若隔离开关位置正常，在网络分析仪上检查母联智能终端发送的报文是否正确，如不正确，则检查二次回路中隔离开关强电开入电位是否正确。

如强电开入电位正确则智能终端 DI 板故障，若不正确则隔离开关的辅助触点或二次回路出现问题。

若均无异常，检查 TV 并列把手Ⅰ并Ⅱ、Ⅱ并Ⅰ至 TV 合并单元有无同时开入现象；如无，则判断为 TV 合并单元 DI 板故障。

4. 缺陷处理流程

合并单元或智能终端 DI 板故障，应更换端子或整块插件，更换后对该插件上的 DI 回路重新验证。

TV 并列把手故障，应选择备用触点或更换把手，更换后重新验证开入回路正确。

隔离开关辅助触点或二次回路问题：用测量电位方法，检查辅助触点和二次回路，涉及隔离开关或断路器辅助触点不到位原因时，需要一次人员配合，消除缺陷后确认强电开入电位正确，TV 并列异常信号返回。

TV 切换异常信号处理流程图如图 5.16 所示。

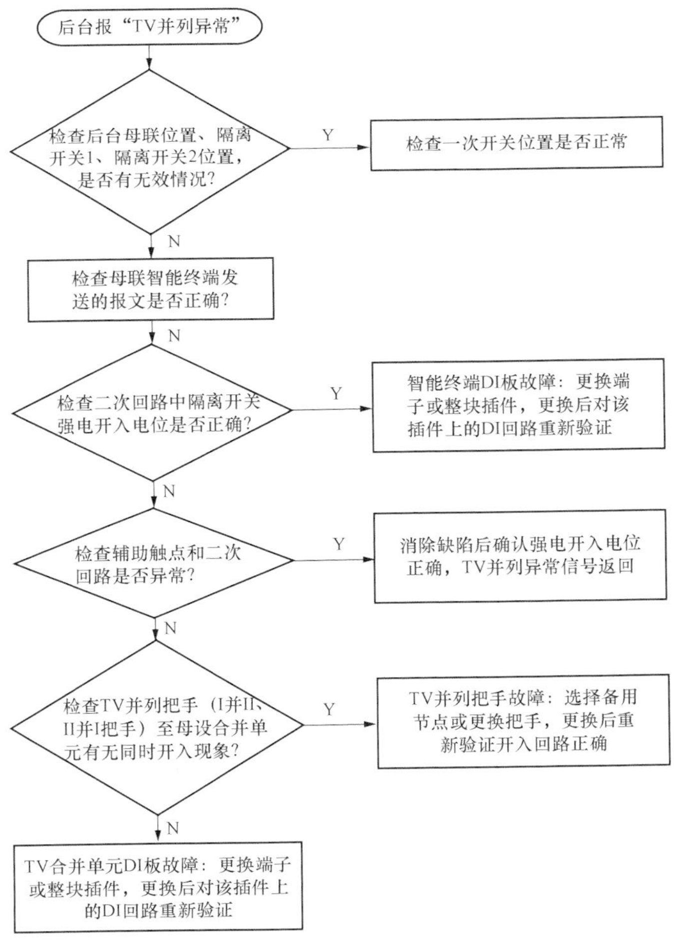

图 5.16　TV 切换异常信号处理流程图

5.2 智能终端典型缺陷处理流程

5.2.1 装置失电

1. 故障现象及影响

变电站监控后台报“智能终端失电告警”，智能终端面板信号灯全灭（见图5.17），智能终端与其他保护及测控装置GOOSE通信中断，GOOSE二维表显示与该智能终端相关的设备断链。故障将影响所有与该智能终端的链路通信及GOOSE数据，相关保护装置或测控装置告警，相关保护及测控装置无法通过智能终端出口。

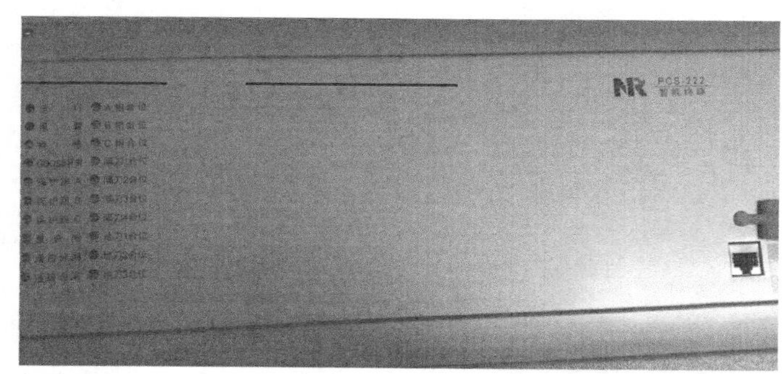

图5.17 智能终端失电信号灯全灭

2. 安全措施与注意事项

相关保护装置无法通过智能终端出口。双套配置的智能终端，可申请停役相关保护。单套配置的智能终端，则需停役相关一次设备。

3. 缺陷原因诊断及分析

故障的原因主要有智能终端电源板故障、自动空气开关（又称低压断路器）故障。

检查后台，确认是否有直流异常告警信号；如无则检查装置电源自动空气开关与装置电源板各处直流量值；如自动空气开关下端值异常，则自动空气开关故障。如装置电源端子上直流量值正确，则确认为装置电源板故障。

4. 缺陷处理流程

若装置电源板故障，则更换电源板，更换后做电源模块试验，并检查所有与智能终端相关的链路通信是否正常。若自动空气开关故障，则更换自动空气开关后确认装置正常启动。

智能终端装置失电处理流程图如图 5.18 所示。

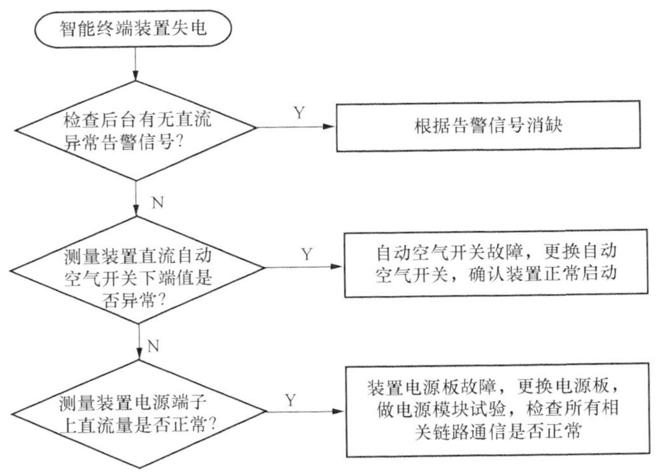

图 5.18　智能终端装置失电处理流程图

5.2.2　装置闭锁

1. 故障现象及影响

变电站监控后台报“另一套终端告警闭锁”，智能终端“装置异常”红灯亮（见图 5.19），智能终端与其他保护及测控装置 GOOSE 通信中断，GOOSE 二维表显示与该智能终端相关的设备断链。故障影响所有与该智能终端的链路通信及 GOOSE 数据，相关保护装置或测控装置告警，相关保护及测控装置无法通过智能终端出口。

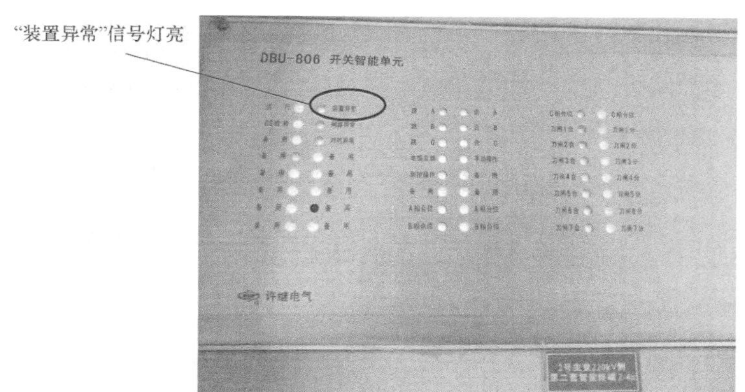

图 5.19　智能终端装置闭锁导致“装置异常”信号灯亮

2. 安全措施与注意事项

相关保护装置无法通过智能终端出口。双套配置的智能终端，可申请停役相关保护。单套配置的智能终端，则需停役相关一次设备。

3. 缺陷原因诊断及分析

故障的原因主要为装置硬件故障或软件运行异常。检查后台，确认和其通信的装置均报通信中断，检查装置运行灯灭，告警灯点亮。

4. 缺陷处理流程

装置故障，由厂家检查确认故障原因，若电源板故障，更换后做电源模块试验，并检查所有与智能终端相关的链路通信正常；若程序升级或更换CPU板、DI板、DO板，更换后进行完整的智能终端测试。

智能终端装置闭锁处理流程图如图 5.20 所示。

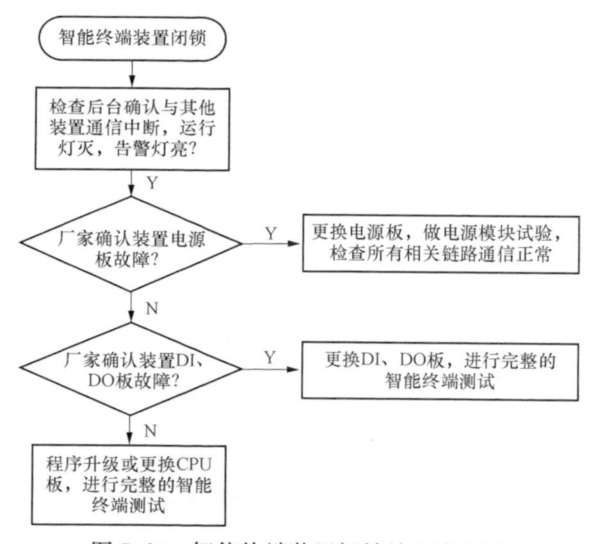

图 5.20　智能终端装置闭锁处理流程图

5.2.3　控制回路失电

1. 故障现象及影响

变电站监控后台报“控制回路断线”“控制电源消失”（见图5.21）“断路器操作闭锁”信号，智能终端“装置告警”红灯亮，智能终端运行的合闸位置或跳闸位置的指示灯灭。故障将导致智能终端与其他保护及测控装置的交换信号异常，导致告警，相关保护及测控装置无法通过智能终端出口传动断路器。

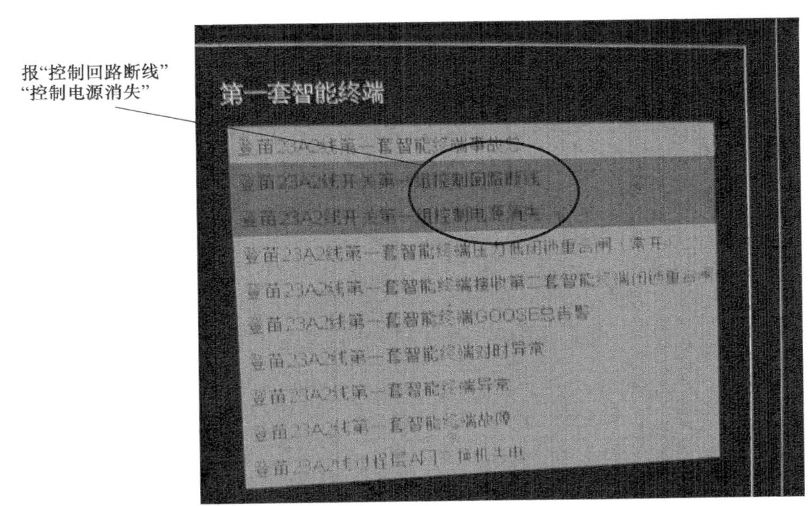

图5.21　控制回路失电导致变电站监控后台报“控制回路断线”“控制电源消失”信号

2. 安全措施与注意事项

相关保护装置无法通过智能终端出口。双套配置的智能终端，可申请停役相关保护。单套配置的智能终端，则需停役相关一次设备。

3. 缺陷原因诊断及分析

故障的原因主要为二次电缆回路故障，包括接线松动、脱落、绝缘、接地等，或者为自动空气开关故障。

检查后台，确认是否有直流异常告警信号，如无则初步确认为控制电源异常。

检查控制电源自动空气开关是否跳闸，如自动空气开关正常，则检查自动空气开关上下端直流值是否正常；如上端异常，则检查外部直流电缆回路直至直流屏；如下端异常，则判断为自动空气开关故障。

4. 缺陷处理流程

若为二次电缆回路故障，检查二次回路，消除缺陷后确认直流值正确、控制回路失电信号返回。若为自动空气开关故障，更换自动空气开关，确认直流值正确、控制回路失电信号返回。

智能终端控制回路失电处理流程图如图 5.22 所示。

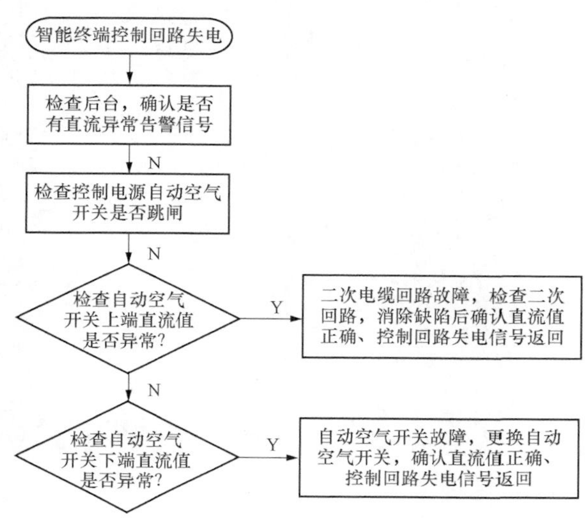

图 5.22　智能终端控制回路失电处理流程图

5.2.4　控制回路断线

1. 故障现象及影响

变电站监控后台报“控制回路断线”信号（见图 5.23），智能终端“控制回路断线”红灯亮，智能终端运行的合闸位置或跳闸位置的同时返回。故障将导致智能终端与其他保护及测控装置的交换信号异常，导致告警，相关保护及测控装置无法通过智能终端出口传动断路器。

图 5.23　变电站监控后台报“控制回路断线”信号

2. 安全措施与注意事项

相关保护装置无法通过智能终端出口。双套配置的智能终端，可申请停役相关保护。单套配置的智能终端，则需停役相关一次设备。

3. 缺陷原因诊断及分析

故障的原因主要有二次电缆回路接线松动、脱落、绝缘异常降低或接地等。

检查后台，确认是否伴随控制回路失电信号，如有则先按控制回路失电处理，如无则初步确认为操作回路出现异常。检查端子排跳合位监视回路电位是否正确，对电位不正确的回路进行检查。

4. 缺陷处理流程

二次电缆回路故障，检查二次回路，消除缺陷后确认直流值正确、控制回路失电信号返回。

智能终端控制回路断线处理流程图如图 5.24 所示。

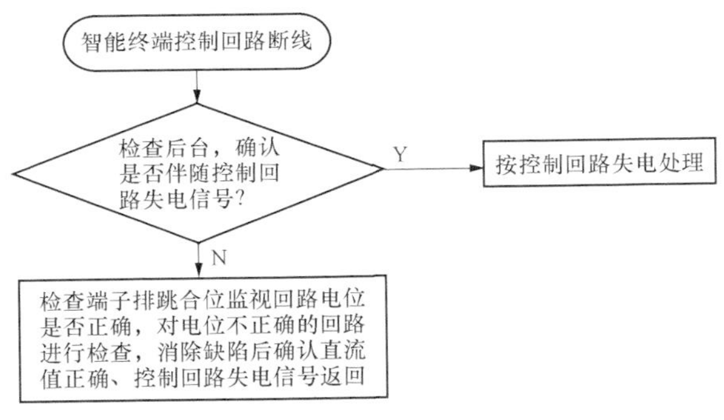

图 5.24　智能终端控制回路断线处理流程图

第 6 章　二次回路典型缺陷分析与处理

6.1　过程层间隔交换机典型缺陷处理流程

6.1.1　220kV 线路过程层 A(B) 网交换机异常缺陷影响分析与安措布置

1. 故障现象及影响

交换机所有灯全灭，或“运行”灯灭、“ALM”（异常）灯亮，如图 6.1 所示。

图 6.1　过程层交换机 PCS-9882 故障

故障影响相关的二次设备包括 220kV 线路第一套智能终端、第一套合并单元、第一套保护装置、测控装置、电能表及 220kV 第一套母差保护装置。

2. 安全措施与注意事项

线路过程层 A（B）网交换机异常，将影响该间隔 A（B）网所有通过组网口实现的功能和信号，即线路第一（二）套保护失灵信号无法发送给第一（二）套母差保护，线路第一（二）套保护无法收到 220kV 第一（二）套母差保护发送的闭锁重合闸、远跳等信号。同时，该间隔的遥信、遥测无法上送，遥控功能无法实现，电能表也收不到电流、电压等采样值。

可以尝试重启一次该交换机，如果缺陷仍无法消除，应将 220kV 第一（二）

套母差保护的失灵开入压板、该支路开出压板退出。在母差保护双套配置的情况下，也可以将220kV第一（二）套母差保护改信号。同时，应由运行人员告知调度监控该间隔的遥信、遥测无法上送，遥控功能无法实现。

3. 缺陷原因诊断及分析

（1）调取后台报文，初步判断故障原因。

（2）重启。重启交换机一次，如果缺陷仍无法消除，则先做好安措，然后实施后续检查。

（3）交换机电源故障。交换机电源灯灭，应先检查电源电压是否正常，如果正常，则检查电源线是否松动或者损坏。如果以上均正常，则可以判定为交换机电源故障或者内部部件故障。更换电源插件，如果故障仍未消除，则更换整台交换机。

（4）端口故障。交换机端口灯灭或者不闪烁，且只有个别装置报GOOSE组网口断链，则可以判断交换机的该端口故障。将光纤插到本交换机的另一个端口上，查看对应装置的GOOSE断链信号是否复归。若没有复归，则更换整台交换机。

（5）交换机异常。交换机异常信号灯点亮，或者交换机无法开机，应更换整台交换机。更换交换机后只需确认通过该台交换机的所有链路均正常，后台无相关告警信号。

4. 缺陷处理流程

先对过程层交换机重启一次，若重启成功，则将过程层交换机投入运行；若重启不成，则汇报调度，根据调度指令进行“装置异常隔离”，将220kV第一套母差保护由跳闸改为信号。

220kV线路过程层A（B）网交换机异常处理流程图如图6.2所示。

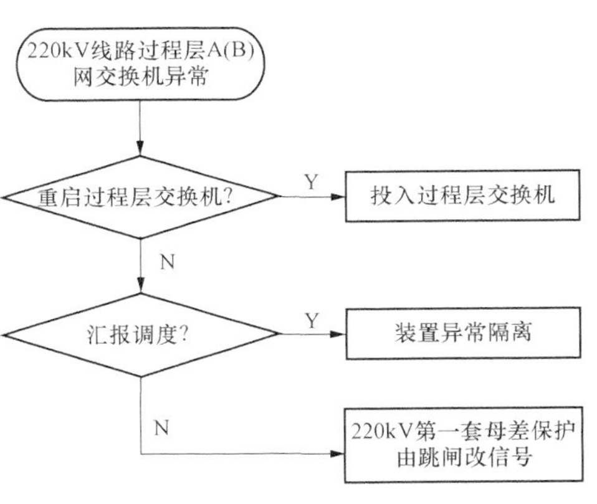

图6.2　220kV线路过程层A（B）网交换机异常处理流程图

6.1.2 母联过程层 A（B）网交换机异常

1. 故障现象及影响

交换机所有灯全灭，或“运行”灯灭、“ALM”（异常）灯亮，如图 6.3 所示。

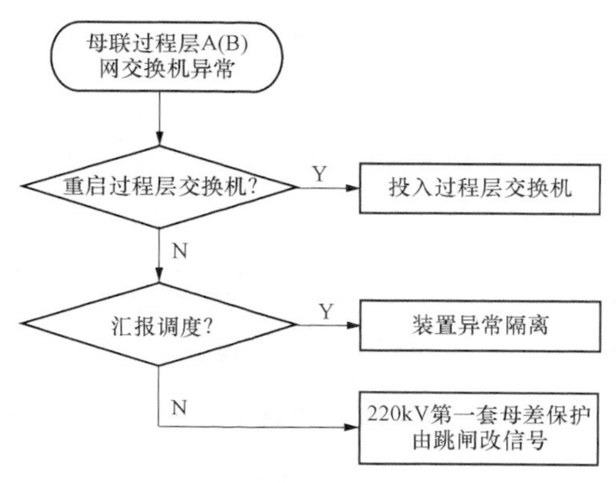

图 6.3 母联过程层 A（B）网交换机异常处理流程图

故障影响相关的二次设备包括 220kV 母联第一套智能终端、第一套合并单元、第一套充电解列保护装置、测控装置及 220kV 第一套母差保护装置。

2. 安全措施与注意事项

220kV 母联过程层 A（B）网交换机异常，将影响该间隔 A（B）网所有通过组网口实现的功能和信号，即母联第一（二）套保护失灵信号无法发送给第一（二）套母差保护。同时该间隔的遥信、遥测无法上送，遥控功能无法实现。

可以尝试重启一次该交换机，如果缺陷仍无法消除，应将 220kV 第一（二）套母差保护的失灵开入压板退出。在母差保护双套配置的情况下，也可以将 220kV 第一（二）套母差保护改信号。同时，应由运行人员告知调度监控该间隔的遥信、遥测无法上送，遥控功能无法实现。

3. 缺陷原因诊断及分析

（1）调取后台报文，初步判断故障原因。

（2）重启。重启交换机一次，如果缺陷仍无法消除，则先做好安措，然后实施后续检查。

（3）交换机电源故障。交换机电源灯灭，应先检查电源电压是否正常，如果正常，则检查电源线是否松动或者损坏。如果以上均正常，则可以判定为交换机电源故障或者内部部件故障。更换电源插件后，如果故障仍未消除，则更换整台交换机。

(4) 端口故障。交换机端口灯灭或者不闪烁，且只有个别装置报 GOOSE 组网口断链，则可以判断交换机的该端口故障。将光纤插到本交换机的另一个端口上，查看对应装置的 GOOSE 断链信号是否复归。若没有复归，则更换整台交换机。

(5) 交换机异常。交换机异常信号灯点亮，或者交换机无法开机。更换整台交换机。更换交换机后只需确认通过该台交换机的所有链路均正常，后台无相关告警信号。

4. 缺陷处理流程

首先对过程层交换机重启一次，重启成功，则将过程层交换机投入运行；若重启不成，则汇报调度，根据调度指令进行“装置异常隔离”，将 220kV 第一套母差保护由跳闸改为信号。

母联过程层 A (B) 网交换机异常处理流程图如图 6.3 所示。

6.1.3　主变 220kV 过程层 A (B) 网交换机异常

1. 故障现象及影响

交换机所有灯全灭，或“运行”灯灭、“ALM”(异常) 灯亮。

故障影响相关的二次设备包括主变 220kV 第一套智能终端、第一套合并单元、测控装置、主变第一套保护装置及 220kV 第一套母差保护装置。

2. 安全措施与注意事项

主变 220kV 过程层 A (B) 网交换机异常，将影响该间隔 A (B) 网所有通过组网口实现的功能和信号，即主变第一 (二) 套保护失灵信号、解复压闭锁信号无法发送给第一 (二) 套母差保护，主变第一 (二) 套保护无法收到第一 (二) 套母差保护发送的失灵联跳信号。同时该间隔的遥信、遥测无法上送，遥控功能无法实现。

可以尝试重启一次该交换机，如果缺陷仍无法消除，应将220kV第一（二）套母差保护的失灵开入压板退出，同时将主变第一（二）套保护的失灵联跳接收压板退出。在母差保护双套配置的情况下，也可以将220kV第一（二）套母差保护改信号。同时，应由运行人员告知调度监控该间隔的遥信、遥测无法上送，遥控功能无法实现。

3. 缺陷原因诊断及分析

（1）调取后台报文，初步判断故障原因。

（2）重启。重启交换机一次，如果缺陷仍无法消除，则先做好安措，然后实施后续检查。

（3）交换机电源故障。交换机电源灯灭。首先检查电源电压是否正常，如果正常，则检查电源线是否松动或者损坏。如果以上均正常，则可以判定为交换机电源故障或者内部部件故障。更换电源插件，如果故障仍未消除，则更换整台交换机。

（4）端口故障。交换机端口灯灭或者不闪烁，且只有个别装置报GOOSE组网口断链，则可以判断交换机的该端口故障。将光纤插到本交换机的另一个端口上，查看对应装置的GOOSE断链信号是否复归。若没有复归，则更换整台交换机。

（5）交换机异常。交换机异常信号灯点亮，或者交换机无法开机。更换整台交换机。更换交换机后只需确认通过该台交换机的所有链路均正常，后台无相关告警信号。

4. 缺陷处理流程

应先对过程层交换机重启一次，若重启成功，则将过程层交换机投入运行；若重启不成，则汇报调度，根据调度指令进行“装置异常隔离”，将220kV第一套母差保护由跳闸改为信号。

主变220kV过程层A（B）网交换机异常处理流程图如图6.4所示。

6.1.4　主变 110kV 过程层交换机异常

1. 故障现象及影响

交换机所有灯全灭，或“运行”灯灭、“ALM”（异常）灯亮。

影响相关的二次设备包括主变 110kV 第一套智能终端、第一套合并单元、测控装置、主变第一套保护装置及主变 35kV 第一套智能终端、第一套合并单元。

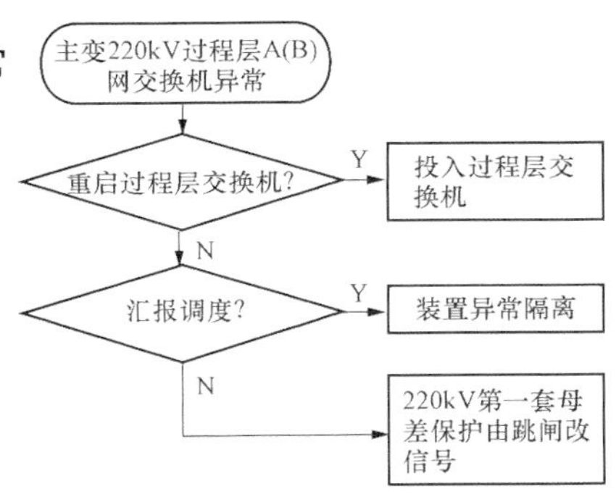

图 6.4　主变 220kV 过程层 A（B）网交换机异常处理流程图

2. 安全措施与注意事项

主变 110kV 过程层交换机异常，将影响该间隔所有通过组网口实现的功能和信号，即该间隔的遥信、遥测无法上送，遥控功能无法实现。因为没有与保护相关的信号通过主变 110kV 过程层交换机进行交互，因此处理过程中无需做安措。此外，应由运行人员告知调度监控该间隔的遥信、遥测无法上送，遥控功能无法实现。

3. 缺陷原因诊断及分析

（1）调取后台报文，初步判断故障原因。

（2）重启。重启交换机一次，如果缺陷仍无法消除，则应先做好安全措施，然后实施后续检查。

（3）交换机电源故障。交换机电源灯灭，应先检查电源电压是否正常，如果正常，则检查电源线是否松动或者损坏。如果以上均正常，则可以判定为交换机电源故障或者内部部件故障。更换电源插件，如果故障仍未消除，则更换整台交换机。

（4）端口故障。交换机端口灯灭或者不闪烁，且只有个别装置报 GOOSE 组网口断链，则可以判断交换机的该端口故障。将光纤插到本交换机的另一个端口上，查看对应装置的 GOOSE 断链信号是否复归。若没有复归，则更换整台交换机。

(5) 交换机异常。交换机异常信号灯点亮，或者交换机无法开机。更换整台交换机。更换交换机后只需确认通过该台交换机的所有链路均正常，后台无相关告警信号。

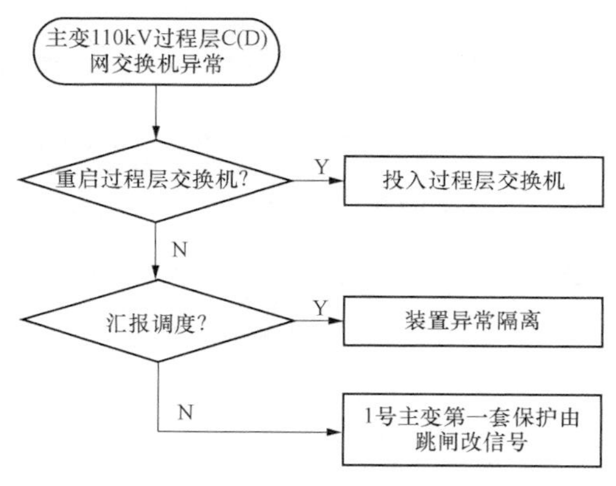

图 6.5　主变 110kV 过程层交换机异常处理流程图

4. 缺陷处理流程

先对过程层交换机重启一次，若重启成功，则将过程层交换机投入运行；若重启不成，则汇报调度，根据调度指令进行“装置异常隔离”，将1号主变第一套保护由跳闸改为信号。

主变 110kV 过程层交换机异常处理流程图如图 6.5 所示。

6.1.5　110kV 线路过程层交换机异常

1. 故障现象及影响

交换机所有灯全灭，或“运行”灯灭、“ALM”(异常)灯亮。

故障影响相关的二次设备包括线路智能终端、合并影响单元、保护测控装置、电能表及 110kV 母差保护装置。

2. 安全措施与注意事项

110kV 线路过程层交换机异常，将影响该间隔所有通过组网口实现的功能和信号，即该间隔的遥信、遥测无法上送，遥控功能无法实现。因为没有与保护相关的信号通过 110kV 线路过程层交换机进行交互，所以，处理过程中无需做安全措施。此外，应由运行人员告知调度监控该间隔的遥信、遥测无法上送，遥控功能无法实现。

3. 缺陷原因诊断及分析

（1）调取后台报文，初步判断故障原因。

（2）重启。重启交换机一次，如果缺陷仍无法消除，则先做好安全措施，然后实施后续检查。

（3）交换机电源故障。交换机电源灯灭，应先检查电源电压是否正常，如果正常，则检查电源线是否松动或者损坏。如果以上均正常，则可以判定为交换机电源故障或者内部部件故障。更换电源插件，如果故障仍未消除，则更换整台交换机。

（4）端口故障。交换机端口灯灭或者不闪烁，且只有个别装置报GOOSE组网口断链，则可以判断交换机的该端口故障。将光纤插到本交换机的另一个端口上，查看对应装置的GOOSE断链信号是否复归。若没有复归，则更换整台交换机。

（5）交换机异常。交换机异常信号灯点亮，或者交换机无法开机。更换整台交换机。更换交换机后只需确认通过该台交换机的所有链路均正常，后台无相关告警信号。

4. 缺陷处理流程

应先对过程层交换机重启一次，若重启成功，则将过程层交换机投入运行；若重启不成，则汇报调度，根据调度指令进行“装置异常隔离”。

110kV线路过程层交换机异常处理流程图如图6.6所示。

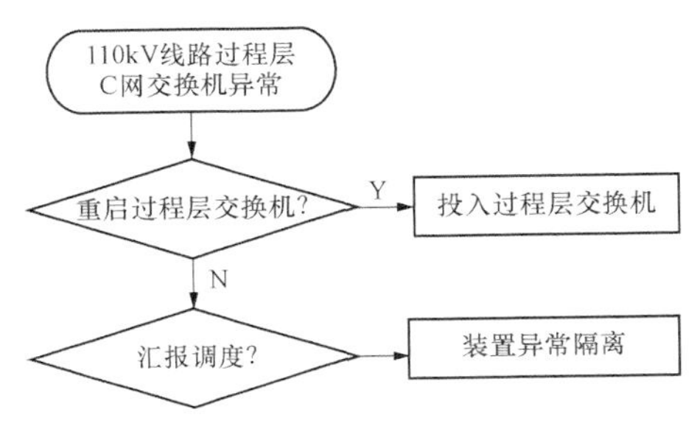

图6.6　110kV线路过程层交换机异常处理流程图

6.1.6　110kV 1号母分过程层C网交换机异常

1. 故障现象及影响

交换机所有灯全灭，或“运行”灯灭、“ALM”（异常）灯亮。

故障影响相关的二次设备包括110kV 1号母分智能终端、合并单元、保护测控装置及110kV母差保护装置。

2. 安全措施与注意事项

110kV母分过程层交换机异常，将影响该间隔所有通过组网口实现的功能和信号，即该间隔的遥信、遥测无法上送，遥控功能无法实现。因为没有与保护相关的信号通过110kV母分过程层交换机进行交互，所以处理过程中无需做安全措施。此外，应由运行人员告知调度监控该间隔的遥信、遥测无法上送，遥控功能无法实现。

3. 缺陷原因诊断及分析

（1）调取后台报文，初步判断故障原因。

（2）重启。重启交换机一次，如果缺陷仍无法消除，则先做好安全措施，然后实施后续检查。

（3）交换机电源故障。交换机电源灯灭。应先检查电源电压是否正常，如果正常，则检查电源线是否松动或者损坏。如果以上均正常，则可以判定为交换机电源故障或者内部部件故障。更换电源插件，如果故障仍未消除，则更换整台交换机。

（4）端口故障。交换机端口灯灭或者不闪烁，且只有个别装置报GOOSE组网口断链，则可以判断交换机的该端口故障。将光纤插到本交换机的另一个端口上，查看对应装置的GOOSE断链信号是否复归。若没有复归，则更换整台交换机。

（5）交换机异常。交换机异常信号灯点亮，或者交换机无法开机。更换整台交换机。更换交换机后只需确认通过该台交换机的所有链路均正常，后台无相关告警信号。

4. 缺陷处理流程

应先对过程层交换机重启一次，若重启成功，则将过程层交换机投入运行；若重启不成，则汇报调度，根据调度指令进行“装置异常隔离”。

110kV 1号母分过程层C网交换机异常处理流程图如图6.7所示。

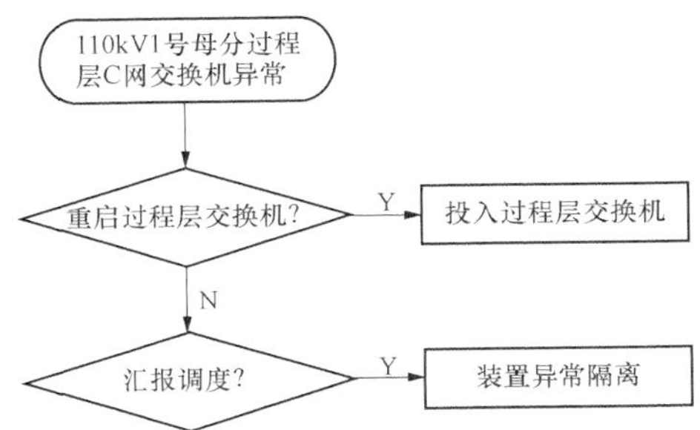

图6.7　110kV 1号母分过程层C网交换机异常处理流程图

6.2　过程层中心交换机典型缺陷处理流程

6.2.1　220kV过程层A（B）网中心交换机异常

1. 故障现象及影响

交换机灯全灭，或“运行”灯灭，“ALARM”（异常）灯亮，或对应通道的灯不亮，如图6.8所示。

故障影响相关的二次设备包括根据变电站交换机的实际配置而定。

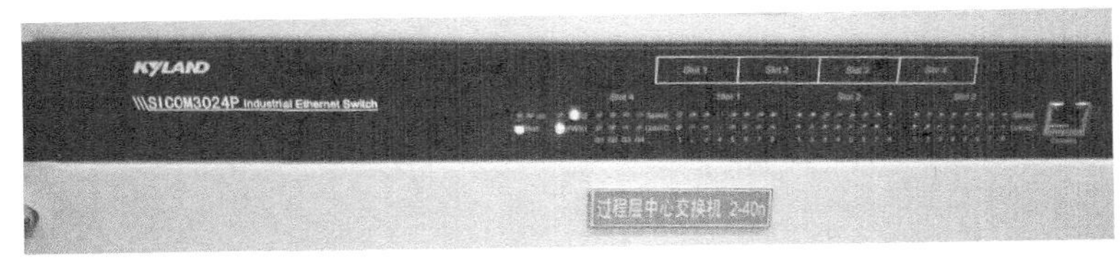

图6.8　中心交换机异常

2. 安全措施与注意事项

过程层A（B）网中心交换机异常，将影响通过该台交换机的所有链路的相关功能和信号，即该台交换机上所有间隔的遥信、遥测无法上送，遥控功能无法实现。各个间隔第一（二）套保护的启动失灵信号无法开给第一（二）套母差保护，各个线路间隔第一（二）套保护无法收到第一（二）套母差保护发送的闭锁重合闸、远跳等信号，各个主变间隔第一（二）套保护无法收到第一（二）套母差保护发送的失灵联跳等信号。

可以尝试重启一次该交换机，如果缺陷仍无法消除，应将 220kV 第一（二）套母差保护的失灵开入压板退出，同时将主变第一（二）套保护的失灵联跳接收压板退出。在母差保护双套配置的情况下，也可以将 220kV 第一（二）套母差保护改信号。同时，应由运行人员告知调度监控该间隔的遥信、遥测无法上送，遥控功能无法实现。

3. 缺陷原因诊断及分析

（1）调取后台报文，初步判断故障原因。

（2）重启。重启交换机一次，如果缺陷仍无法消除，则先做好安全措施，然后实施后续检查。

（3）交换机电源故障。交换机电源灯灭。应先检查电源电压是否正常，如果正常，则检查电源线是否松动或者损坏。如果以上均正常，则可以判定为交换机电源故障或者内部部件故障。更换电源插件，如果故障仍未消除，则更换整台交换机。

（4）端口故障。交换机端口灯灭或者不闪烁，且只有个别装置报 GOOSE 组网口断链，则可以判断交换机的该端口故障。将光纤插到本交换机的另一个端口上，查看对应装置的 GOOSE 断链信号是否复归。若没有复归，则更换整台交换机。

（5）交换机异常。交换机异常信号灯点亮，或者交换机无法开机。更换整台交换机。更换交换机后只需确认通过该台交换机的所有链路均正常，后台无相关告警信号。

4. 缺陷处理流程

应先对过程层中心交换机重启一次，若重启成功，则将过程层中心交换机投入运行；若重启不成，则汇报调度，根据调度指令进行“装置异常隔离”，将220kV 第一套母差保护由跳闸改为信号。

220kV 过程层 A（B）网中心交换机异常处理流程图如图 6.9 所示。

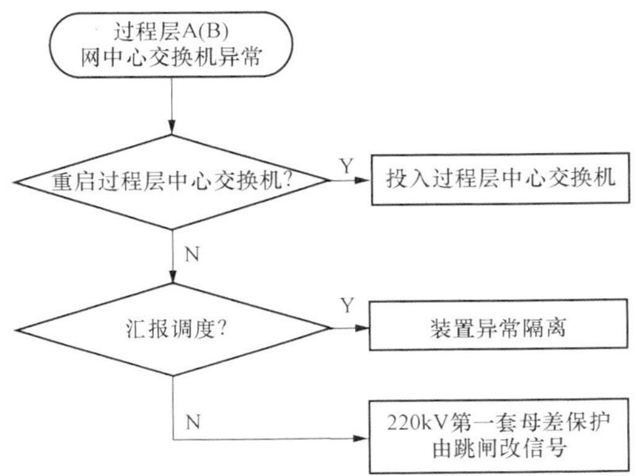

图 6.9　220kV 过程层 A（B）网中心交换机异常处理流程图

6.2.2　110kV 过程层中心交换机异常

1. 故障现象及影响

交换机“运行”灯灭，“异常”灯亮。

故障影响相关的二次设备包括根据变电站交换机的实际配置而定。

2. 安全措施与注意事项

过程层网中心交换机异常，将影响通过该台交换机的所有链路的相关功能和信号，即该台交换机上所有间隔的遥信、遥测无法上送，遥控功能无法实现。因为没有与保护相关的信号通过 110kV 过程层中心交换机进行交互，所以处理过程中无需做安措。

此外，应由运行人员告知调度监控该间隔的遥信、遥测无法上送，遥控功能无法实现。

3. 缺陷原因诊断及分析

（1）调取后台报文，初步判断故障原因。

（2）重启。重启交换机一次，如果缺陷仍无法消除，则先做好安全措施，然后实施后续检查。

（3）交换机电源故障。交换机电源灯灭。应先检查电源电压是否正常，如果正常，则检查电源线是否松动或者损坏。如果以上均正常，则可以判定为交换机电源故障或者内部部件故障。更换电源插件，如果故障仍未消除，则更换整台交换机。

（4）端口故障。交换机端口灯灭或者不闪烁，且只有个别装置报 GOOSE 组网口断链，则可以判断交换机的该端口故障。将光纤插到本交换机的另一个端口上，查看对应装置的 GOOSE 断链信号是否复归。若没有复归，则更换整台交换机。

（5）交换机异常。交换机异常信号灯点亮，或者交换机无法开机，应更换整台交换机。更换交换机后只需确认通过该台交换机的所有链路均正常，后台无相关告警信号。

4．缺陷处理流程

应先对过程层中心交换机重启一次，若重启成功，则将过程层中心交换机投入运行；若重启不成，则汇报调度，根据调度指令进行“装置异常隔离”。

110kV 过程层中心交换机异常处理流程图如图 6.10 所示。

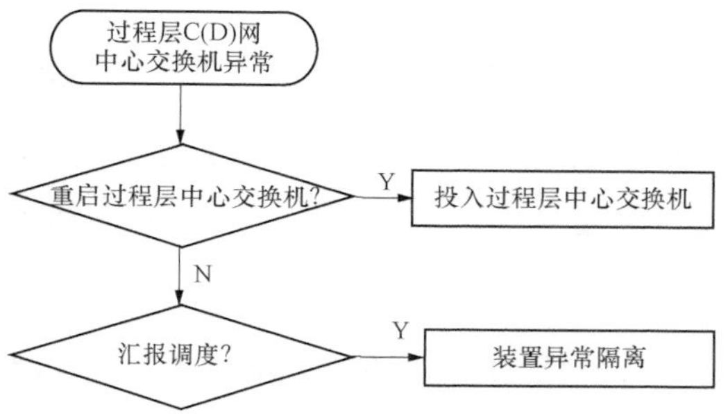

图 6.10　110kV 过程层中心交换机异常处理流程图

6.2.3　中心交换机装置故障或电源消失

1. 故障现象及影响

交换机“PWR”（电源）灯灭，交换机无法开机。通过中心交换机传输的数据通信均报异常。

2. 安全措施与注意事项

将与中心交换机有数据交互的保护退出运行。

3. 缺陷原因诊断及分析

（1）调取后台报文，初步判断故障原因。

（2）重启。重启交换机一次，如果缺陷仍无法消除，则先做好安全措施，然后实施后续检查。

（3）交换机电源故障。交换机电源灯灭，应先检查电源电压是否正常，如果正常，则检查电源线是否松动或者损坏。如果以上均正常，则可以判定为交换机电源故障或者内部部件故障。更换电源插件，如果故障仍未消除，则更换整台交换机。

（4）端口故障。交换机端口灯灭或者不闪烁，且只有个别装置报 GOOSE 组网口断链，则可以判断交换机的该端口故障。将光纤插到本交换机的另一个端口上，查看对应装置的 GOOSE 断链信号是否复归。若没有复归，则更换整台交换机。

（5）交换机异常。交换机异常信号灯点亮，或者交换机无法开机。及时联系交换机厂家前往现场收集装置信息进行分析定位，并更换整台交换机。更换交换机后只需确认通过该台交换机的所有链路均正常，后台无相关告警信号。

4. 缺陷处理流程

（1）硬件故障。若为电源模块或 CPU 插件故障，更换后做电源模块试验，并检查所有通过中心交换机的链路通信是否正常。

（2）软件故障。验证 VLAN 功能，确认保护装置采样和开入量是否正常。

中心交换机装置故障或电源消失处理流程图如图 6.11 所示。

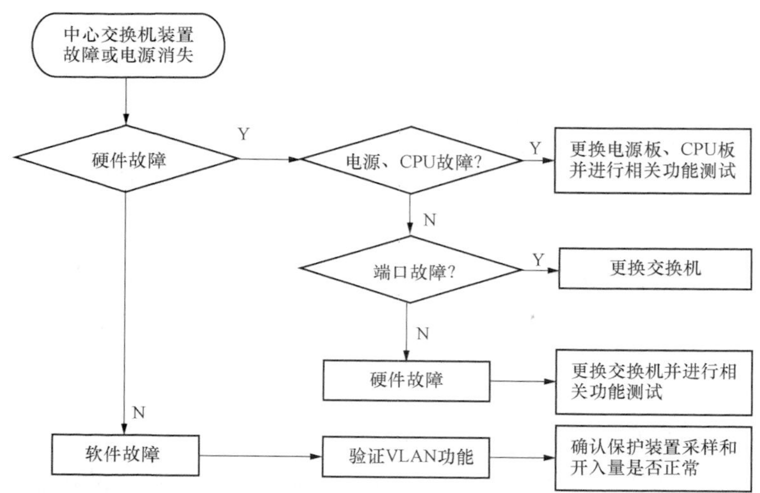

图 6.11　中心交换机装置故障或电源消失处理流程图

6.3　链路典型缺陷处理流程

6.3.1　合并单元接收智能终端 GOOSE 链路中断

1. 故障现象及影响

合并单元“报警”灯及“GOOSE 异常”亮，合并单元收智能终端链路中断告警，如图 6.12 所示。

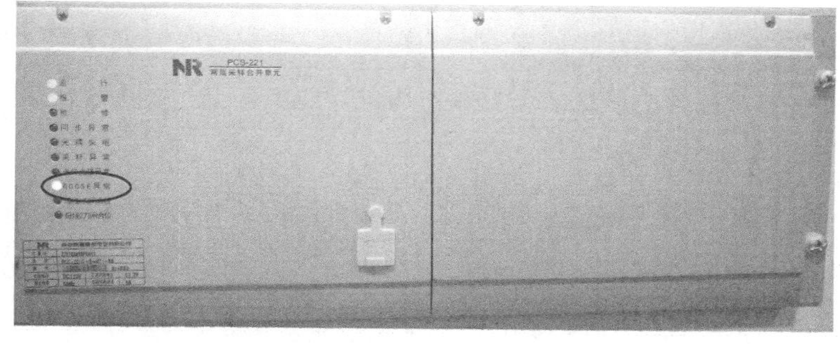

图 6.12　合并单元接收智能终端 GOOSE 链路中断

故障影响相关的二次设备包括合并单元、智能终端，相关间隔的保护装置及母差保护。

2. 安全措施与注意事项

该套合并单元、智能终端检修，线路、主变、母线保护改信号。

3. 缺陷原因诊断及分析

（1）根据后台信号，初步判断故障。

（2）光纤或熔接口故障。应先检查光纤是否完好，光纤衰耗、光功率是否正常。若异常，则判断光纤或熔接口故障。

（3）合并单元故障。检查后台信号，确定此智能终端 GOOSE 的其他接收方（母差、测控、网分、录波等）正常，若只有合并单元装置有 GOOSE 中断信号，则初步判断为交换机与合并单元通信故障。

在间隔合并单元 GOOSE 接收端光纤处抓包，若报文正常则间隔合并单元故障。合并单元故障有可能是光模块故障、软件原因、CPU 板件故障、电源板件故障、通信板件故障、其他插件故障。

（4）智能终端故障。若组网接收此智能终端 GOOSE 信号的装置都报此中断信号，则初步判断为智能终端与交换机通信故障；若组网、点对点接收此智能终端 GOOSE 信号的装置都报中断，则初步判断为智能终端故障。

若光纤各参数正常，在智能终端发送端光纤处抓包，若报文异常则智能终端故障。智能终端故障有可能是光模块故障、软件原因、CPU 板件故障、电源板件故障、通信板件故障、其他插件故障。

（5）交换机故障。若光纤各参数正常，在智能终端发送端光纤处抓包。若报文正常，在间隔合并单元 GOOSE 接收端光纤处抓包。若报文异常，则交换机故障。交换机故障的原因有电源插件故障、端口故障、装置异常。

4. 缺陷处理流程

（1）合并单元故障。

1）检查合并单元，若合并单元故障，先更换该光口的光模块；若缺陷仍存在，则程序升级或更换 CPU 板件，更换后进行完整的合并单元测试。

2）检查电源板，若电源板故障，更换电源板，更换后做电源模块试验，并检查所有与合并单元相关的链路通信正常及相关保护的采样值正常。

3）若 DI 板或 DO 板故障，则更换 DI 板或 DO 板。更换后试验 DI 板、DO 板功能。

（2）智能终端故障。

1）检查智能终端，若智能终端故障，先更换该光口的光模块，若缺陷仍存在，则程序升级或更换板件。

2）检查电源板，若电源板故障，更换电源板。更换后进行电源模块试验。

3）若 DI 板或 DO 板故障，则更换 DI 板或 DO 板。更换后试验 DI 板、DO 板功能。

（3）若光纤或熔接口故障，则更换备芯或重新熔接光纤。更换后测试光功率正常，链路中断恢复。

（4）交换机故障。

1）交换机电源故障，更换电源插件，如果故障仍未消除，则更换整台交换机。

2）端口故障，将光纤插到本交换机的另一个端口上，查看对应装置的 GOOSE 断链信号是否复归。若没有复归，则更换整台交换机。

3）装置异常，更换整台交换机，确认通过该台交换机的所有链路均正常，后台无相关告警信号。

合并单元接收智能终端 GOOSE 链路中断处理流程图如图 6.13 所示。

6.3.2 220kV 线路合并单元接收母设合并单元 SV 中断

1. 故障现象及影响

合并单元“报警”灯亮，线路合并单元发母设合并单元链路中断告警，如图 6.14 所示。

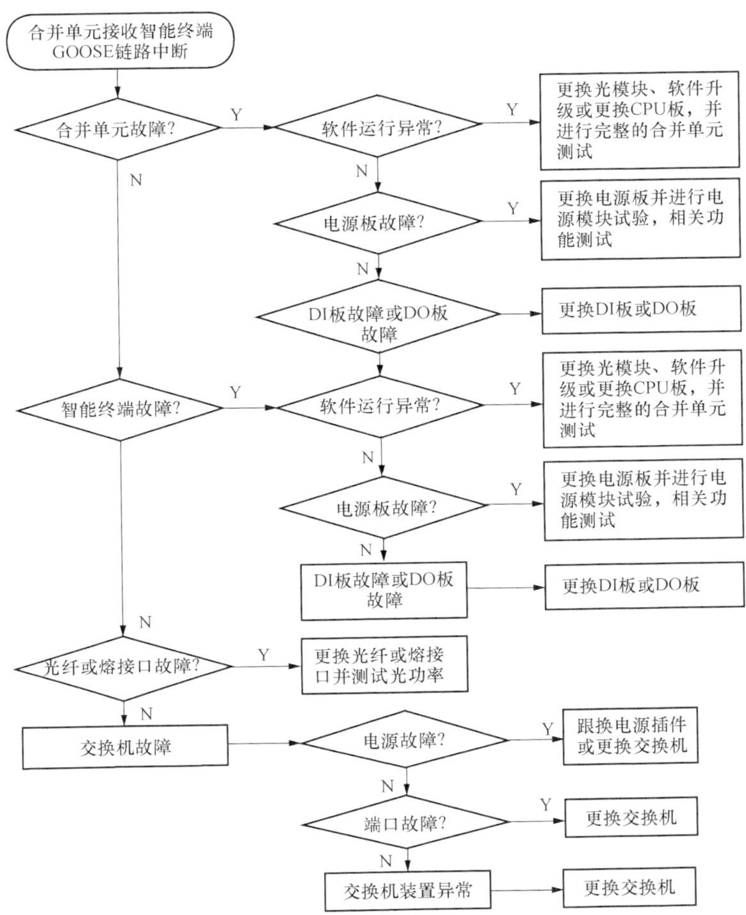

图 6.13　合并单元接收智能终端 GOOSE 链路中断处理流程图

图 6.14　合并单元接收母设合并单元 SV 中断

故障影响相关的二次设备包括线路保护、母线保护及其他相关保护、线路测控装置采样异常。

2. 安全措施与注意事项

线路保护、母线保护及其他相关保护改信号。

3. 缺陷原因诊断及分析

（1）母线合并单元故障。查看后台告警信号，若多个合并单元都与母线合并单元链路断链或母线合并单元本身有异常信号上送，可初步判断为母线合并单元故障。

在母线合并单元处抓包（9-2模式，若是60044-8级联应侧重检查两侧装置配置），若无报文或报文异常（如mac、appid、svid、数据个数等错误），可判断为母线合并单元故障。母线合并单元故障有可能是光模块故障、软件原因、CPU板件故障、电源板件故障、通信板件故障、其他插件故障。

（2）光纤或熔接口故障。若母线合并单元正常，检查级联光纤是否完好，光纤衰耗、光功率是否正常。若异常，则判断光纤或熔接口故障。尝试换备用光纤进行连接，如果缺陷仍未消除，则重新放置光纤。

（3）线路合并单元故障。在线路合并单元接收光纤处抓包，若报文正常，可判断为线路合并单元故障，有可能是光模块故障、线路合并单元软件原因、CPU板件故障、电源板件故障、通信板件故障、其他插件故障。

4. 缺陷处理流程

（1）母线合并单元故障。

1）检查母线合并单元，若合并单元故障，先更换该光口的光模块。若缺陷仍存在，则程序升级或更换CPU板件、通信板，更换后进行完整的合并单元测试。

2）检查电源板，若电源板故障，更换电源板，更换后进行电源模块试验，并检查所有与母线合并单元相关的链路通信正常及采样正常。

3）若其他插件故障，更换后测试该插件的功能。

（2）线路合并单元故障。

1）检查线路合并单元，若合并单元故障，先更换该光口的光模块。若缺陷仍存在，则程序升级或更换 CPU 板件、通信板，更换后进行完整的合并单元测试。

2）检查电源板，若电源板故障，更换电源板。更换后进行电源模块试验，并检查所有与母线合并单元相关的链路通信正常及采样正常。

3）若其他插件故障，更换后测试该插件的功能。

（3）若光纤或熔接口故障，则更换备芯或重新熔接光纤。更换后测试光功率正常，链路中断恢复。

220kV 线路合并单元接收母设合并单元 SV 中断处理流程图如图 6.15 所示。

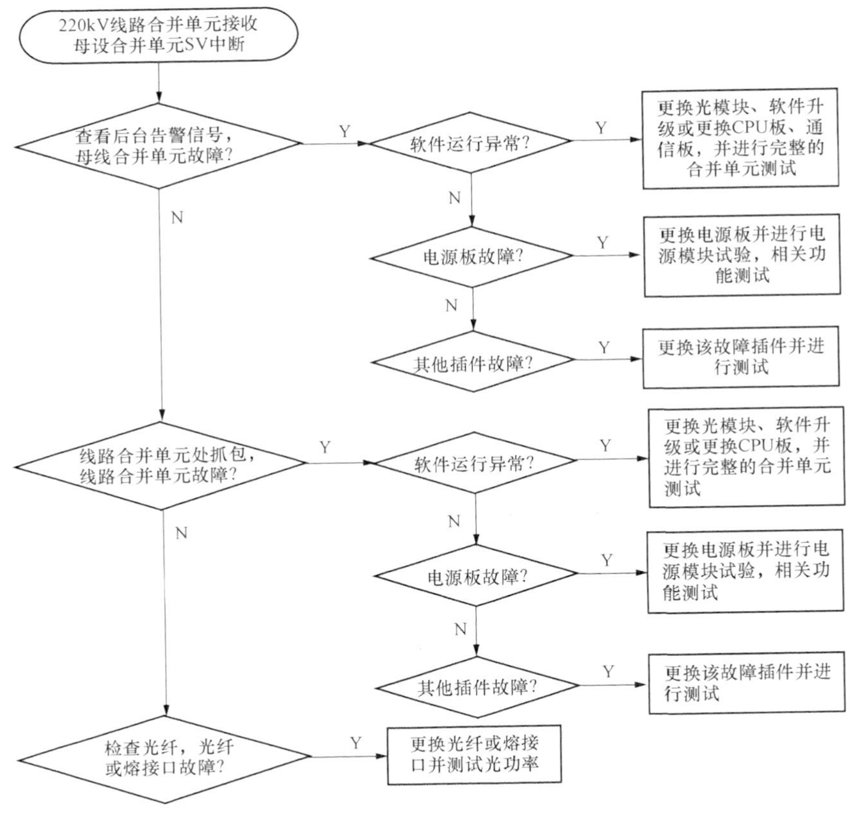

图 6.15　220kV 线路合并单元接收母设合并单元 SV 中断处理流程图

6.3.3 主变保护装置与主变合并单元 SV 链路中断

1. 故障现象及影响

主变保护装置“报警”灯亮，“运行”灯灭，主变保护装置被闭锁，主变保护装置发主变合并单元链路中断告警，如图 6.16 所示。

图 6.16 主变保护装置与主变合并单元 SV 链路中断

故障影响相关的二次设备包括主变保护装置 SV 采样链路中断、X 侧电压 SV 采样链路中断、X 侧 SV 采样链路中断（电流）、母线保护装置（主变合并单元故障的情况下）。

2. 安全措施与注意事项

主变保护改信号，该套 220kV 母线保护改信号。若主变 110kV 侧合并单元故障，则 110kV 母线保护改信号。

3. 缺陷原因诊断及分析

(1) 主变合并单元故障。检查后台，若合并单元有异常信号或多套与该合并单元相关的保护装置有 SV 断链信号，则初步判断为合并单元故障，检查合并单元。

在合并单元 SV 发送端抓包，若无报文或报文异常（如 mac、appid、svid、数据个数等错误），则判断为主变合并单元故障；合并单元故障的原因有光模块故障、软件原因、CPU 板件故障、电源板件故障、通信板件故障。

（2）光纤或熔接口故障。若仅有本间隔保护 SV 链路中断信号，则检查光纤是否完好，光纤衰耗、光功率是否正常。若异常，则判断光纤或熔接口故障。尝试换备用光纤进行连接，如果缺陷仍未消除，则重新放置光纤。

（3）主变保护装置故障。在保护装置 SV 接收端光纤处抓包，若报文正常，则判断为保护装置故障。其故障原因有光模块故障、软件原因、CPU 板件故障、电源板件故障、通信板件故障。

4. 缺陷处理流程

（1）主变合并单元故障。

1）检查合并单元，若合并单元故障，先更换该光口的光模块。若缺陷仍存在，则程序升级或更换 CPU 板件、通信板，更换后进行完整的合并单元测试。

2）检查电源板，若电源板故障，更换电源板。更换后进行电源模块试验，并检查所有与母线合并单元相关的链路通信正常及采样正常。

3）若其他插件故障，更换后测试该插件的功能。

（2）主变保护装置故障。

1）检查主变保护装置，若主变保护装置故障，先更换该光口的光模块。若缺陷仍存在，则程序升级或更换 CPU 板件、通信板，更换后进行完整的保护功能测试。

2）检查电源板，若电源板故障，更换电源板。更换后进行电源模块试验，并检查所有与母线合并单元相关的链路通信正常及采样正常。

3）若其他插件故障，更换后测试该插件的功能。

（3）若光纤或熔接口故障，则更换备芯或重新熔接光纤。更换后测试光功率正常，链路中断恢复。

主变保护装置与主变合并单元 SV 链路中断处理流程图如图 6.17 所示。

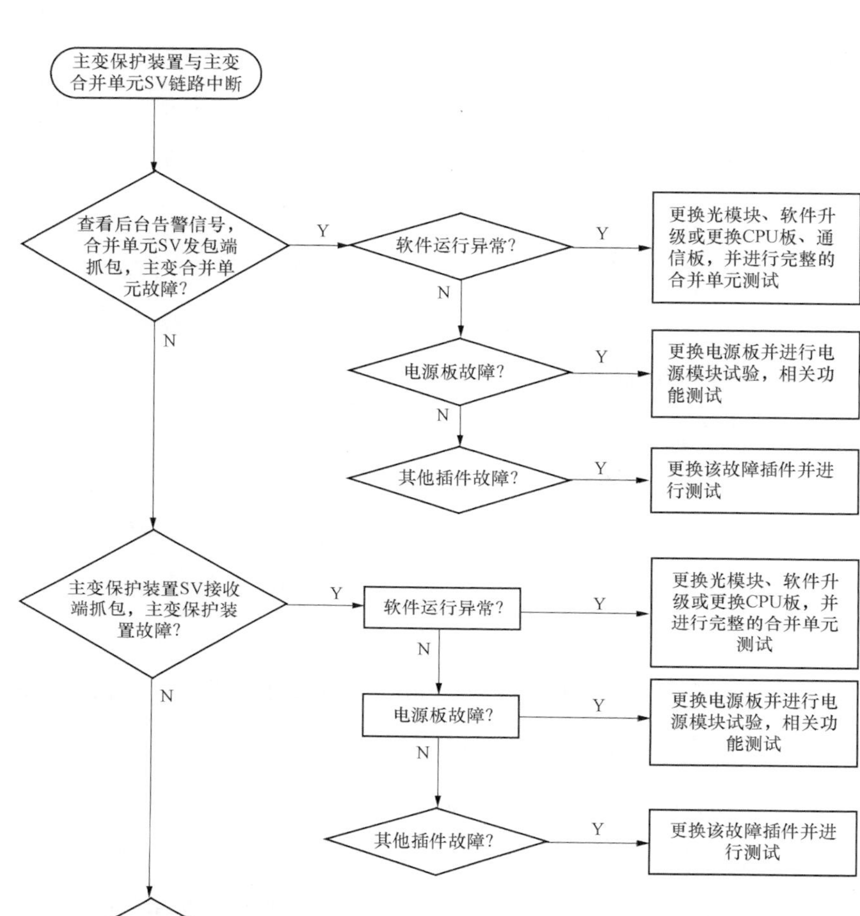

图 6.17 主变保护装置与主变合并单元 SV 链路中断处理流程图

6.3.4 220kV 主变保护装置与母线保护装置 GOOSE 链路中断

1. 故障现象及影响

主变保护装置与母线保护装置“报警”灯均亮，主变保护装置发母线保护 GOOSE 链路中断告警，同时母线保护发主变保护 GOOSE 链路中断告警，如图

6.18 和图 6.19 所示。

故障影响相关的二次设备包括主变保护装置、220kV 母线保护装置。

图 6.18　220kV 主变保护装置 GOOSE 链路中断

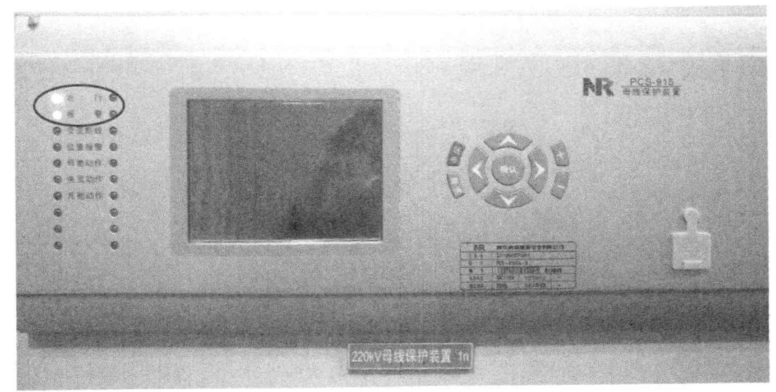

图 6.19　220kV 母线保护装置 GOOSE 链路中断

2. 安全措施与注意事项

主变保护改信号，对应母线保护改信号。

3. 缺陷原因诊断及分析

（1）交换机故障。检查后台信号，确定该 GOOSE 的其他接收方（测控、终端等）GOOSE 链路是否正常，若两侧保护、测控均出现异常，则可初步判断交换机转换处出现故障。交换机故障的原因有电源插件故障、端口故障、装置异常。

（2）光纤或熔接口故障。应先逐级检查光纤是否完好，光纤衰耗、光功率是否正常。若异常，则判断光纤或熔接口故障。

（3）母线保护异常。若光纤各参数正常，在母线保护发送端光纤处抓包，若报文异常，则为母线保护故障。若报文正常，则在交换机母线保护发送端光纤处抓包。若报文异常则交换机故障。其故障的原因有光模块异常、软件运行异常、CPU 板故障。

（4）主变保护异常。若光纤各参数正常，在交换机母线保护发送端光纤处抓包，若数据正常，则主变保护本身出现故障。其故障的原因有光模块异常、软件运行异常、CPU 板故障。

4. 缺陷处理流程

（1）主变保护故障。

1）先尝试更换该光口的光模块。

2）若判断为硬件故障，更换 CPU 后进行完整保护试验验证。

3）若判断为软件缺陷，进行软件升级处理，升级完成后进行完整保护试验。

（2）母线保护故障。

1）先尝试更换该光口的光模块。

2）若判断为硬件故障，更换 CPU 后进行完整保护试验验证。

3）若判断为软件缺陷，进行软件升级处理，升级完成后进行完整保护试验。

（3）交换机故障。

1）交换机电源故障，应更换电源插件。如果故障仍未消除，则更换整台交换机。

2）端口故障，将光纤插到本交换机的另一个端口上，查看对应装置的 GOOSE 断链信号是否复归。若没有复归，则更换整台交换机。

3）装置异常，更换整台交换机，确认通过该台交换机的所有链路均正常，后台无相关告警信号。

（4）若光纤或熔接口故障，则更换备芯或重新熔接光纤，更换后测试光功率正常，链路中断恢复。

220kV主变保护装置与母线保护装置GOOSE链路中断处理流程图如图6.20所示。

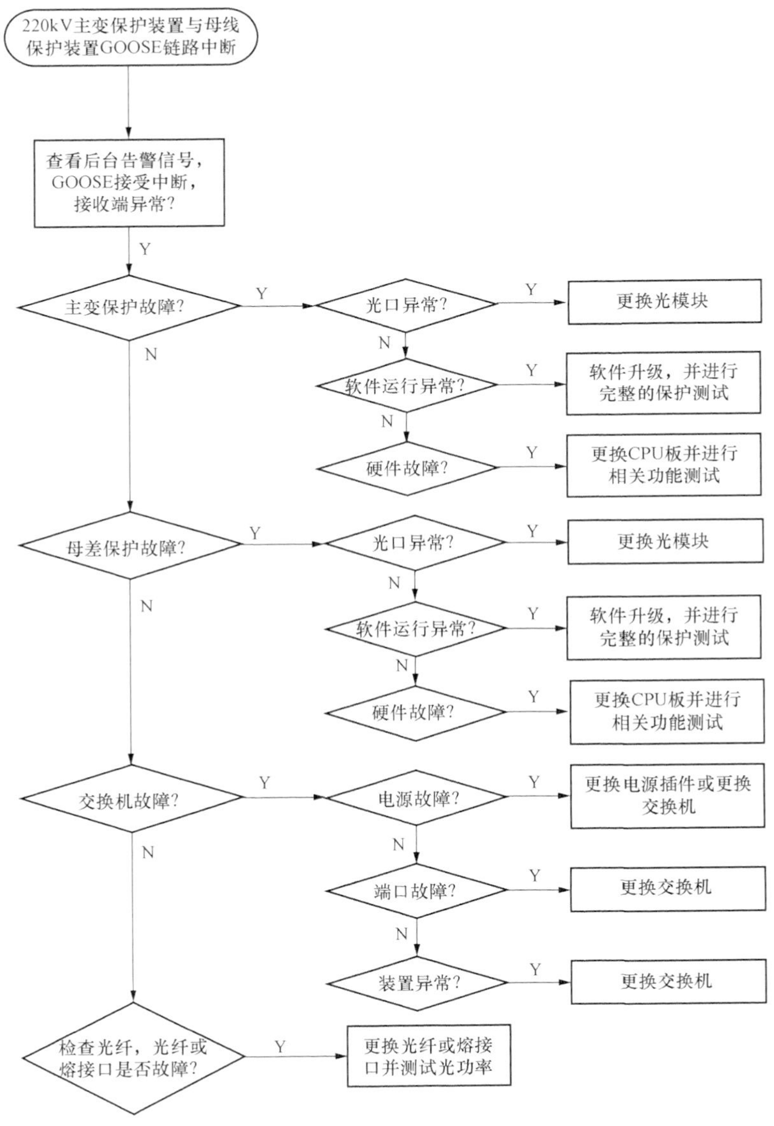

图6.20　220kV主变保护装置与母线保护装置GOOSE链路中断处理流程图

6.3.5 保护装置站控层通信中断

1. 故障现象及影响

后台报“××保护装置通信中断”，保护装置与后台或远动通信中断，保护信息不能正常上送后台或远动。

2. 安全措施与注意事项

有需要的情况下，可将该套保护装置改信号。

3. 缺陷原因诊断及分析

（1）站控层故障。检查后台，是否多台装置显示通信中断，如有多台中断则极有可能是后台总控机故障，也有可能是交换机出问题，需联系后台厂家进一步排查。

（2）保护装置故障。如果不是后台问题，采取简单的网络软件检查保护装置通信是否异常（如 PING 命令等）。其故障原因有软件原因、CPU 板件故障、电源板件故障、通信板件故障。

（3）网线故障。如果都没问题，检查网线是否有问题，如网线端口没压好，网线没插紧。

（4）交换机故障。如上述无问题，检查交换机端，可以尝试更换另一个网口试一下。交换机故障的原因有电源插件故障、端口故障、装置异常。

4. 缺陷处理流程

（1）站控层故障。

1）后台异常，则联系后台厂家进行进一步排查。

2）若判断为软件缺陷，进行软件升级处理，升级完成后查看该保护装置的通信情况。

（2）保护装置故障。

1）若判断为硬件故障，若电源板故障，更换后进行电源模块试验，并检查所有与保护装置相关的链路通信正常及保护的采样值正常，以及装置与后台、远动的通信情况；若更换 CPU 板、通信板，更换后须进行保护功能测试。

2）若判断为软件缺陷，进行软件升级处理，升级完成后进行完整保护试验；

（3）交换机故障。

1）交换机电源故障，更换电源插件。如果故障仍未消除，则更换整台交换机。

2）端口故障，将光纤插到本交换机的另一个端口上，查看对应装置的 GOOSE 断链信号是否复归。若没有复归，则更换整台交换机。

3）装置异常，更换整台交换机，并确认通过该台交换机的所有链路均正常，后台无相关告警信号。

（4）网线问题，重新放置网线。

保护装置站控层通信中断处理流程图如图 6.21 所示。

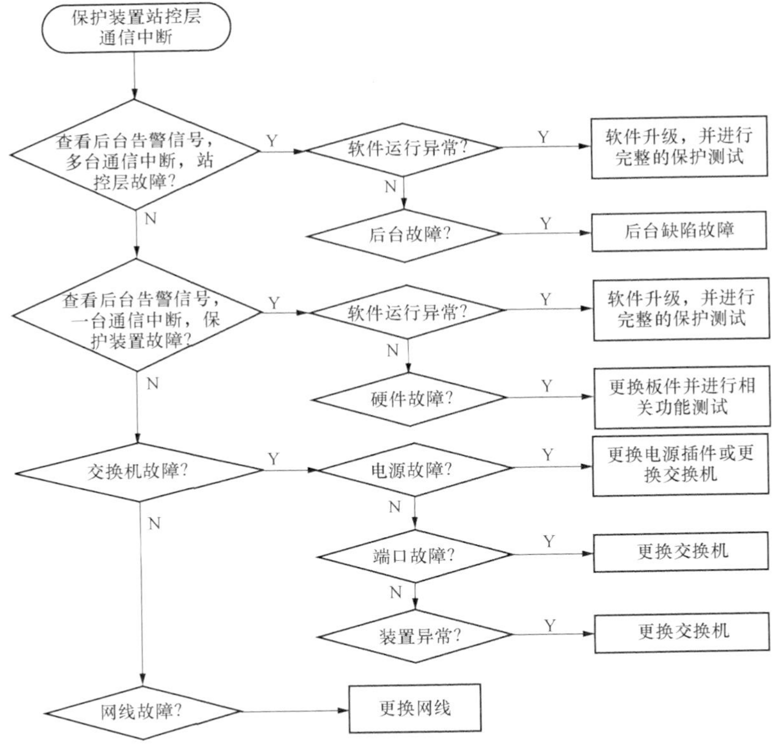

图 6.21　保护装置站控层通信中断处理流程图

6.3.6 母线保护装置与合并单元 SV 链路中断

1. 故障现象及影响

保护装置“报警”灯亮，“运行”灯灭，母差保护被闭锁，母线保护发合并单元链路中断告警。

母线保护装置与合并单元 SV 链路中断告警如图 6.22 所示。

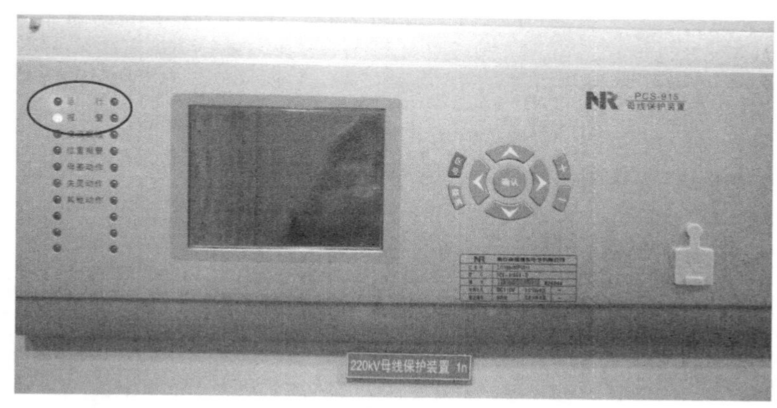

图 6.22 母线保护装置与合并单元 SV 链路中断

2. 安全措施与注意事项

(1) 若为合并单元异常，则按合并单元检修处理；对应间隔的保护以及母差保护改信号。若为 110kV 合并单元故障，则一次设备应陪停。

(2) 若为链路异常或保护装置异常，则对应的母差保护改信号。

3. 缺陷原因诊断及分析

(1) 合并单元故障。检查后台，若合并单元有异常信号或多套与该合并单元相关的保护装置有 SV 断链信号，则初步判断为合并单元故障，检查合并单元。

在合并单元 SV 发送端抓包，若抓包报文异常（无 SV 报文、APPID、MAC 地址、SVID 不匹配），则判断为合并单元故障。合并单元的故障原因有光模块故障、CPU 板件故障、电源板件故障、通信板件故障。

(2) 光纤或熔接口故障。若仅有本间隔保护 SV 链路中断信号，则检查光纤是否完好，光纤衰耗、光功率是否正常。若异常，则判断光纤或熔接口故障。

(3) 保护装置故障。在保护装置 SV 接收端光纤处抓包，若报文正常，则判断为保护装置故障。保护装置的故障原因有光模块故障、CPU 板件故障、电源板件故障、通信板件故障。

4. 缺陷处理流程

(1) 合并单元故障。

1) 检查合并单元，若合并单元故障，先更换该光口的光模块。若缺陷未消除，则程序升级或更换 CPU 板件，更换后进行完整的合并单元测试。

2) 检查电源板，若电源板故障，更换电源板。更换后进行电源模块试验，并检查所有与合并单元相关的链路通信正常及相关保护的采样值正常。

(2) 保护装置故障。

1) 检查合并单元，若合并单元故障，先更换该光口的光模块。若缺陷未消除，则程序升级或更换 CPU 板件，更换后进行完整的合并单元测试。

2) 检查电源板，若电源板故障，更换电源板。更换后进行电源模块试验，并检查所有与合并单元相关的链路通信正常及相关保护的采样值正常。

(3) 光纤或熔接口故障，则更换备芯或重新熔接光纤。更换后测试光功率正常，链路中断恢复。

母线保护装置与合并单元 SV 链路中断处理流程图如图 6.23 所示。

6.3.7　母线保护装置与智能终端 GOOSE 链路中断

1. 故障现象及影响

母线保护装置“报警”灯亮，智能终端“报警”灯亮、“GOOSE 异常”灯亮，母线保护装置发智能终端 GOOSE 链路中断告警，如图 6.24 和图 6.25 所示。

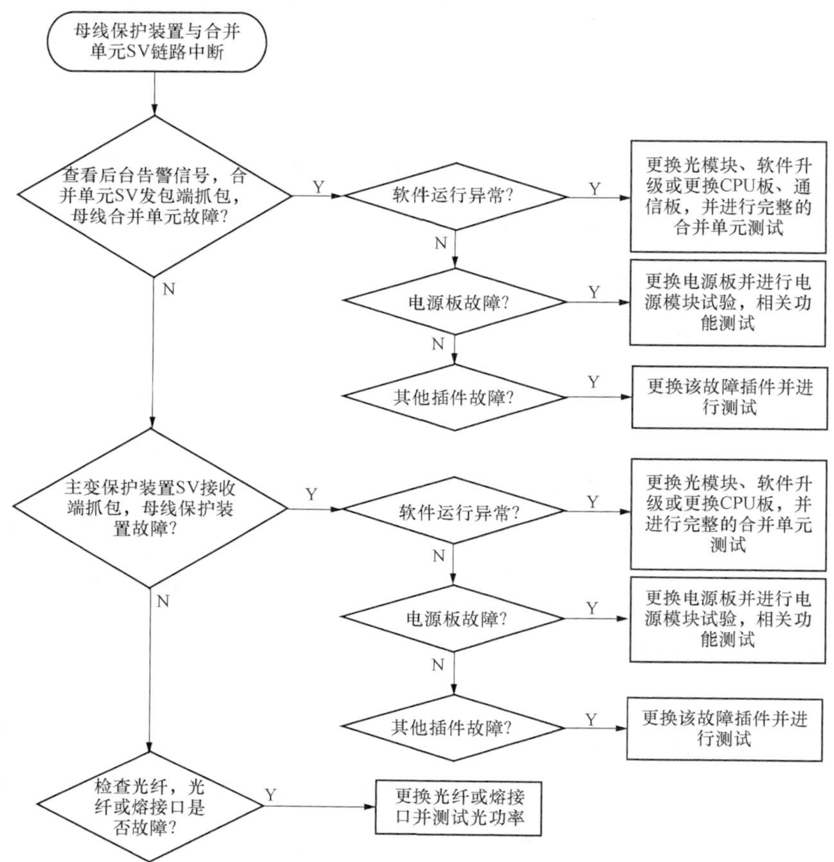

图 6.23　母线保护装置与合并单元 SV 链路中断处理流程图

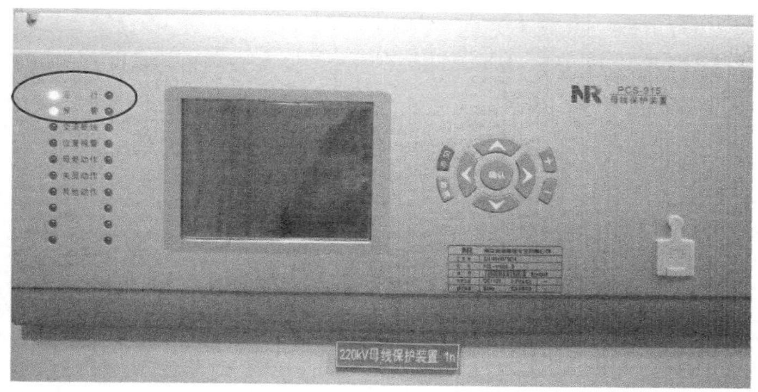

图 6.24　母线保护装置 GOOSE 链路中断

图 6.25　智能终端 GOOSE 链路中断

2. 安全措施与注意事项

（1）若为智能终端异常，则按智能终端检修处理，对应间隔的保护以及母差保护改信号。若为 110kV 智能终端故障，则一次设备应陪停。

（2）若为链路异常或保护装置异常，则对应的母差保护改信号。

3. 缺陷原因诊断及分析

（1）智能终端故障。检查后台，若智能终端有异常信号或多套与该智能终端相关的保护装置有 GOOSE 断链信号，则初步判断为智能终端故障，检查智能终端。

在智能终端 GOOSE 发送端抓包，若抓包报文异常（无 GOOSE 心跳报文、APPID、MAC 地址、GocbRef 不匹配），则判断为智能终端故障。智能终端的故障原因有光模块故障、CPU 板件故障、电源板件故障、通信板件故障。

（2）光纤或熔接口故障。若仅有本间隔保护 SV 链路中断信号，则检查光纤是否完好，光纤衰耗、光功率是否正常。若异常，则判断光纤或熔接口故障。

（3）保护装置故障。在保护装置 GOOSE 接收端抓包，若抓包报文正常，则判断为保护装置故障。保护装置的故障原因有光模块故障、CPU 板件故障、电源板件故障、通信板件故障。

4. 缺陷处理流程

（1）智能终端故障。

1）检查智能终端，若智能终端故障，先更换该光口的光模块。若缺陷未消除，则程序升级或更换 CPU 板件、通信板，更换后进行完整的智能终端功能测试。

2）检查电源板，若电源板故障，更换电源板。更换后进行电源模块试验，并检查所有与合并单元相关的链路通信正常及相关保护的采样值正常。

（2）保护装置故障。

1）检查保护装置，若保护装置故障，先更换该光口的光模块。若缺陷未消除，则程序升级或更换 CPU 板件、通信板，更换后进行完整的保护装置功能测试。

2）检查电源板，若电源板故障，更换电源板。更换后进行电源模块试验，并检查所有与合并单元相关的链路通信正常及相关保护的采样值正常。

（3）光纤或熔接口故障，则更换备芯或重新熔接光纤。更换后测试光功率正常，链路中断恢复。

母线保护装置与智能终端 GOOSE 链路中断处理流程图如图 6.26 所示。

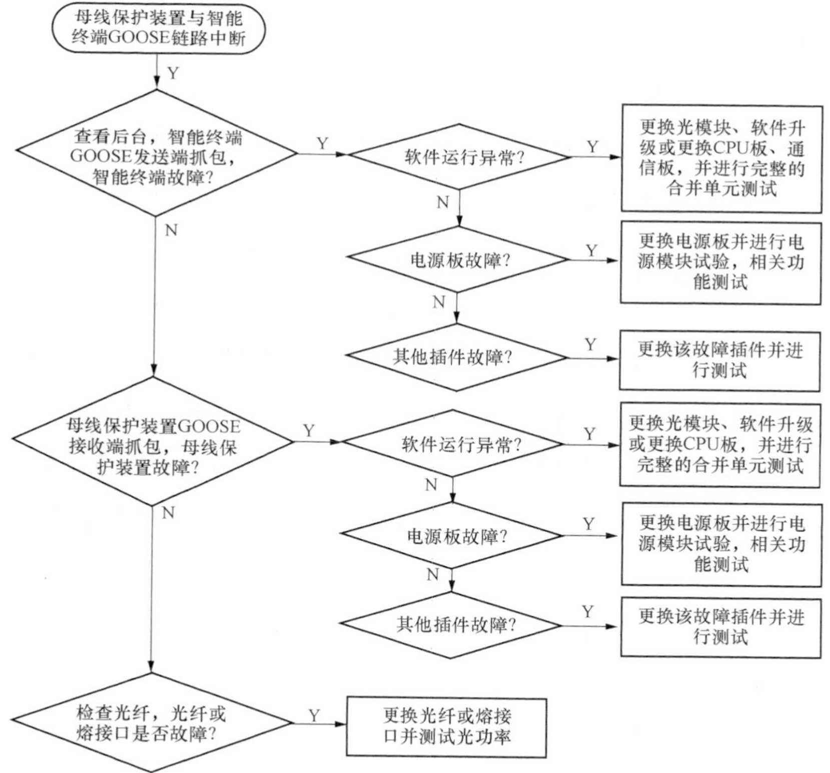

图 6.26　母线保护装置与智能终端 GOOSE 链路中断处理流程图

6.3.8 线路保护装置与合并单元SV链路中断

1. 故障现象及影响

线路保护装置与合并单元SV采样链路中断，保护装置被闭锁，保护装置“运行”灯灭、“报警”灯亮，后台报“线路保护装置接收合并单元断链”，如图6.27所示。

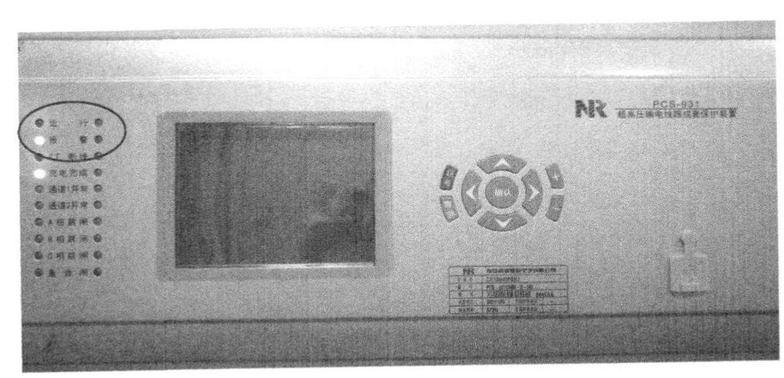

图6.27 线路保护装置与合并单元SV链路中断

故障影响的相关二次设备包括线路保护装置、母线保护装置（线路合并单元故障的情况下）。

2. 安全措施与注意事项

若为220kV线路间隔，则线路保护改信号；若线路合并单元故障，则220kV母线保护改信号。若为110kV线路间隔，则线路合并单元改信号，一次设备陪停，退出110kV母线保护该间隔SV接收软压板及GOOSE出口软压板。

3. 缺陷原因诊断及分析

(1) 线路合并单元故障。检查后台，若合并单元有异常信号或多套与该合并单元相关的保护装置有SV断链信号，则初步判断为合并单元故障，检查合并单元。

在合并单元SV发送端抓包，若无报文或报文异常（如mac、appid、svid、数据个数等错误），则判断为主变合并单元故障。合并单元故障的原因有光模块故障、软件原因、CPU 板件故障、电源板件故障、通信板件故障。

（2）光纤或熔接口故障。若仅有本间隔保护 SV 链路中断信号，则检查光纤是否完好，光纤衰耗、光功率是否正常。若异常，则判断光纤或熔接口故障。尝试换备用光纤进行连接，如果缺陷仍未消除，则重新放置光纤。

（3）线路保护装置故障。在保护装置 SV 接收端光纤处抓包，若报文正常，则判断为保护装置故障。其故障原因有光模块故障、软件原因、CPU 板件故障、电源板件故障、通信板件故障。

4. 缺陷处理流程

（1）合并单元故障。

1）检查合并单元，若合并单元故障，先更换该光口的光模块。若缺陷仍存在，则程序升级或更换 CPU 板件，更换后进行完整的合并单元测试。

2）检查电源板，若电源板故障，更换电源板。更换后进行电源模块试验，并检查所有与合并单元相关的链路通信正常及相关保护的采样值正常。

3）若其他插件故障，更换后测试该插件的功能。

（2）线路保护装置故障。

1）检查线路保护装置，若线路保护装置故障，先更换该光口的光模块。若缺陷仍存在，则程序升级或更换 CPU 板件，更换后进行完整的保护装置测试。

2）检查电源板，若电源板故障，更换电源板。更换后做电源模块试验，并检查所有与线路保护相关的链路通信正常及相关保护的采样值正常。

3）若其他插件故障，更换后测试该插件的功能。

（3）光纤或熔接口故障，则更换备芯或重新熔接光纤。更换后测试光功率正常，链路中断恢复。

线路保护装置与合并单元 SV 链路中断处理流程图如图 6.28 所示。

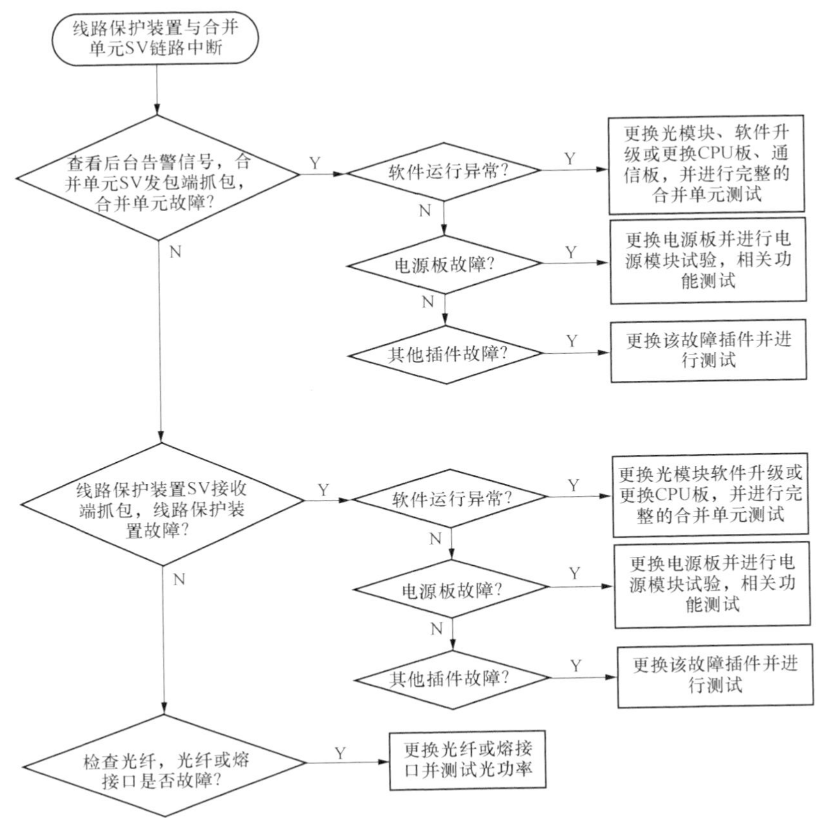

图 6.28　线路保护装置与合并单元 SV 链路中断处理流程图

6.3.9　线路保护装置与智能终端 GOOSE 链路中断

1. 故障现象及影响

线路保护装置“报警”灯亮、智能终端“报警”灯、“GOOSE 异常”灯均亮，线路保护装置发智能终端 GOOSE 链路中断告警，如图 6.29 和图 6.30 所示。

2. 安全措施与注意事项

(1) 若为 220kV 线路智能终端异常，则按智能终端检修处理，对应间隔的

图 6.29　线路保护装置 GOOSE 链路中断

图 6.30　智能终端 GOOSE 链路中断

保护以及母差保护改信号。若为 110kV 智能终端故障，则一次设备应陪停，线路保护改信号，退出 110kV 母差保护该间隔 SV 接收软压板，智能终端 GOOSE 出口软压板。

(2) 若为链路异常或保护装置异常，则对应的 220kV 母差保护改信号。

3. 缺陷原因诊断及分析

(1) 智能终端故障。检查后台，若智能终端有异常信号或多套与该智能终端相关的保护装置有 GOOSE 断链信号，则初步判断为智能终端故障，检查智能终端。

在智能终端GOOSE发送端抓包，若抓包报文异常（无GOOSE心跳报文、APPID、MAC地址、GocbRef不匹配），则判断为智能终端故障。智能终端的故障原因有光模块故障、CPU板件故障、电源板件故障、通信板件故障。

（2）光纤或熔接口故障。若仅有本间隔保护SV链路中断信号，则检查光纤是否完好，光纤衰耗、光功率是否正常。若异常，则判断光纤或熔接口故障。

（3）保护装置故障。在保护装置GOOSE接收端抓包，若抓包报文正常，则判断为保护装置故障。保护装置的故障原因有光模块故障、CPU板件故障、电源板件故障、通信板件故障。

4. 缺陷处理流程

（1）智能终端故障。

1）检查智能终端，若智能终端故障，先更换该光口的光模块。若缺陷未消除，则程序升级或更换CPU板件，更换后进行完整的智能终端测试。

2）检查电源板，若电源板故障，更换电源板。更换后进行电源模块试验，并检查所有与智能终端相关的链路通信正常及相关保护的采样值正常。

3）若其他插件故障，更换后测试该插件的功能。

（2）线路保护装置故障。

1）检查线路保护装置，若线路保护装置故障，先更换该光口的光模块。若缺陷未消除，则程序升级或更换CPU板件，更换后进行完整的保护装置测试。

2）检查电源板，若电源板故障，更换电源板。更换后做电源模块试验，并检查所有与线路保护相关的链路通信正常及相关保护的采样值正常。

3）若其他插件故障，更换后测试该插件的功能。

（3）光纤或熔接口故障，则更换备芯或重新熔接光纤，更换后测试光功率正常，链路中断恢复。

线路保护装置与智能终端GOOSE链路中断处理流程图如图6.31所示。

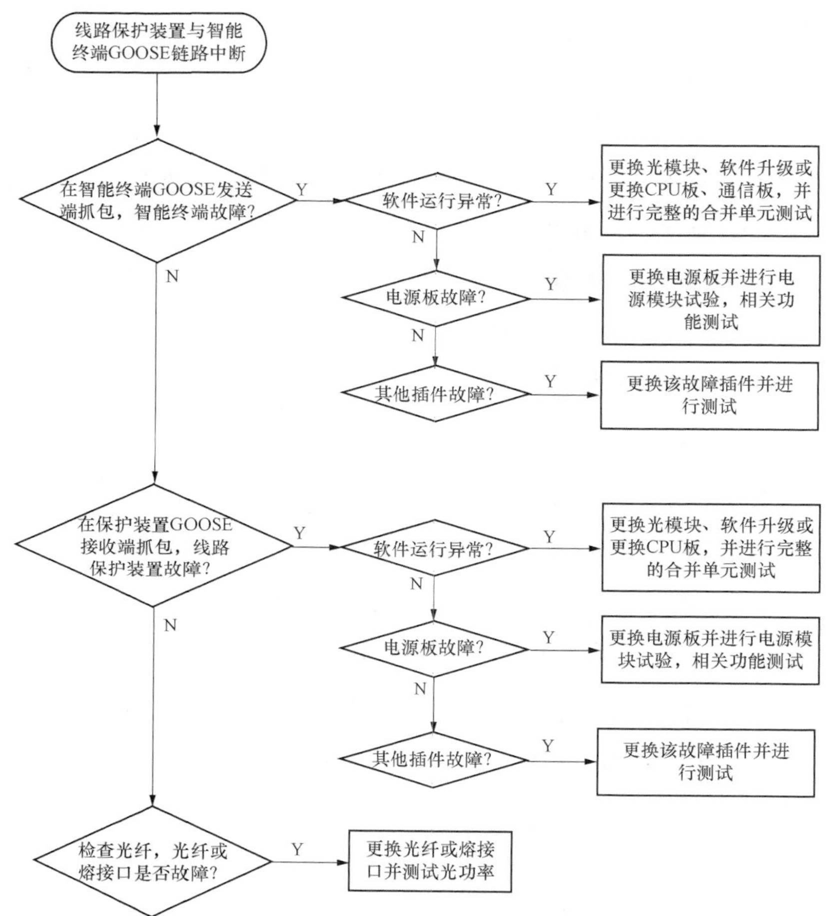

图 6.31 线路保护装置与智能终端 GOOSE 链路中断处理流程图

6.3.10 220kV 线路保护装置与母线保护装置 GOOSE 链路中断

1. 故障现象及影响

线路保护装置与母线保护装置“报警”灯均亮，线路保护装置发母线保护 GOOSE 链路中断告警，同时母线保护发线路保护 GOOSE 链路中断告警，如图 6.32 和图 6.33 所示。

故障影响相关的二次设备线路保护装置、220kV 母线保护装置。

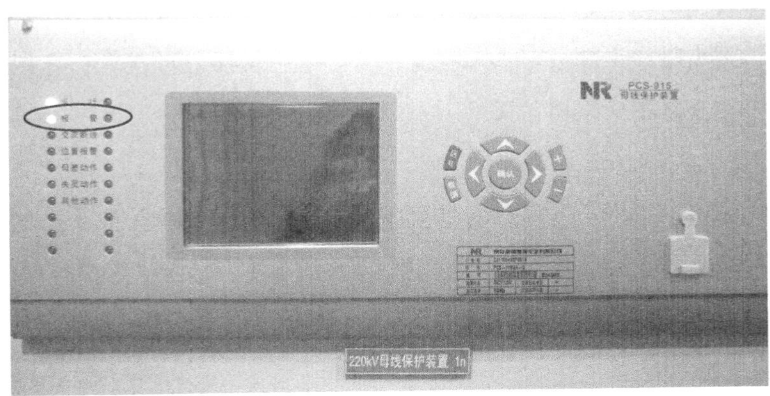

图 6.32　母线保护装置 GOOSE 链路中断

图 6.33　线路保护装置 GOOSE 链路中断

2. 安全措施与注意事项

线路保护改信号，对应母线保护改信号。

3. 缺陷原因诊断及分析

（1）交换机故障。检查后台信号，确定该 GOOSE 的其他接收方（测控、终端等）GOOSE 链路是否正常，若两侧保护、测控均出现异常，则可初步判断交换机转换处出现故障。交换机故障的原因有电源插件故障、端口故障、装置异常。

（2）光纤或熔接口故障。应先逐级检查光纤是否完好，光纤衰耗、光功率是否正常。若异常，则判断光纤或熔接口故障。

（3）母线保护异常。若光纤各参数正常，在母线保护发送端光纤处抓包。若报文异常，则为母线保护故障。若报文正常，则在交换机母线保护发送端光纤处抓包。若报文异常则交换机故障。其故障的原因有光模块异常、软件运行异常、CPU 板故障。

（4）线路保护异常。若光纤各参数正常，在交换机母线保护发送端光纤处抓包，若数据正常，则线路保护本身出现故障；故障的原因有光模块异常、软件运行异常、CPU 板故障。

4. 缺陷处理流程

（1）线路保护装置故障。

1）检查线路保护装置，若线路保护装置故障，先尝试更换该光口的光模块。若缺陷未消除，则程序升级或更换 CPU 板件，更换后进行完整的保护装置测试。

2）检查电源板，若电源板故障，更换电源板。更换后做电源模块试验，并检查所有与线路保护装置相关的链路通信正常及相关保护的采样值正常。

3）若其他插件故障，更换后测试该插件的功能。

（2）母线保护装置故障。

1）检查母线保护装置，若母线保护装置故障，先尝试更换该光口的光模块。若缺陷未消除，则程序升级或更换 CPU 板件，更换后进行完整的保护装置测试。

2）检查电源板，若电源板故障，更换电源板。更换后做电源模块试验，并检查所有与母线保护装置的链路通信正常及相关保护的采样值正常。

（3）光纤或熔接口故障，则更换备芯或重新熔接光纤。更换后测试光功率正常，链路中断恢复。

（4）交换机故障。

1）交换机电源故障，更换电源插件。如果故障仍未消除，则更换整台交换机。

2）端口故障，将光纤插到本交换机的另一个端口上，查看对应装置的 GOOSE 断链信号是否复归。若没有复归，则更换整台交换机。

3）装置异常，更换整台交换机，并确认通过该台交换机的所有链路均正常，后台无相关告警信号。

220kV 线路保护装置与母线保护装置 GOOSE 链路中断处理流程图如图 6.34 所示。

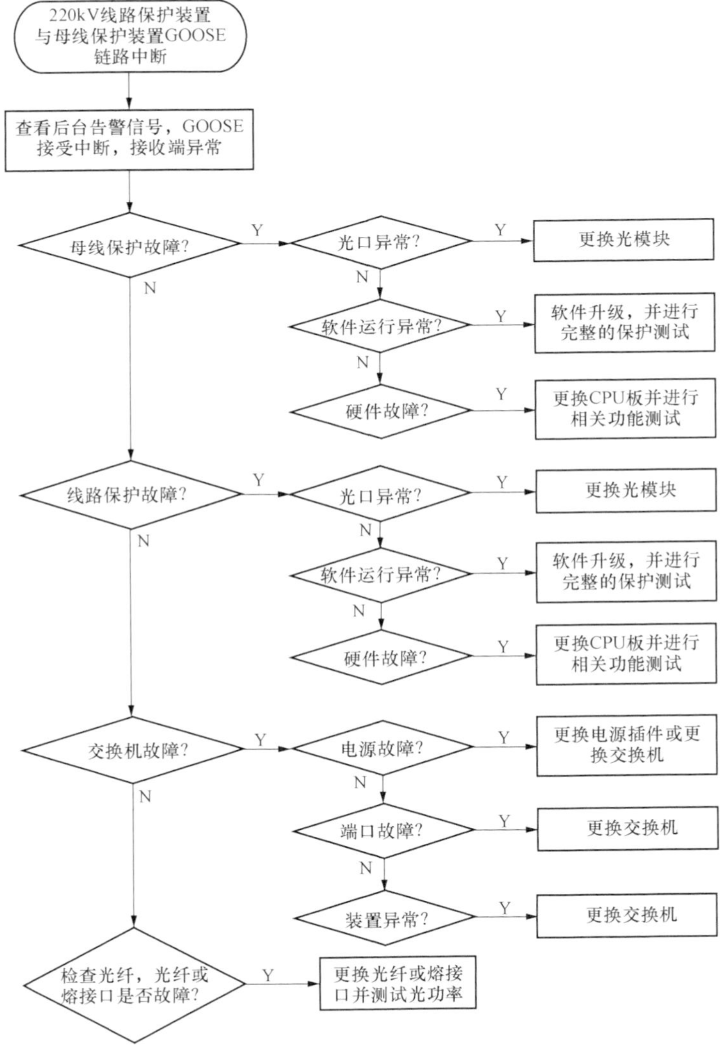

图 6.34　220kV 线路保护装置与母线保护装置 GOOSE 链路中断处理流程图

6.3.11　母联保护装置与合并单元SV链路中断

1. 故障现象及影响

母联保护装置“异常”灯亮，“运行”灯灭，母联保护装置闭锁，母联保护装置与合并单元SV链路中断告警。

故障影响相关的二次设备有母联保护装置。

2. 安全措施与注意事项

若为合并单元异常，则按合并单元检修处理，对应间隔的保护以及母差保护改信号。若为110kV合并单元故障，则一次设备应陪停，退出110kV母差保护该间隔SV接收软压板，智能终端GOOSE出口软压板。

3. 缺陷原因诊断及分析

（1）合并单元故障。检查后台，若合并单元有异常信号或多套与该合并单元相关的保护装置有SV断链信号，则初步判断为合并单元故障，检查合并单元。

在合并单元SV发送端抓包，若抓包报文异常（无SV报文、APPID、MAC地址、SVID不匹配），则判断为合并单元故障。合并单元的故障原因有光模块故障、CPU板件故障、电源板件故障、通信板件故障。

（2）光纤或熔接口故障。若仅有本间隔保护SV链路中断信号，则检查光纤是否完好，光纤衰耗、光功率是否正常。若异常，则判断光纤或熔接口故障。

（3）保护装置故障。在保护装置SV接收端光纤处抓包，若报文正常，则判断为保护装置故障。保护装置的故障原因有光模块故障、CPU板件故障、电源板件故障、通信板件故障。

4. 缺陷处理流程

（1）合并单元故障。

1）检查合并单元，若合并单元故障，先更换该光口的光模块。若缺陷未消除，则程序升级或更换CPU板件，更换后进行完整的合并单元测试。

2）检查电源板，若电源板故障，更换电源板。更换后进行电源模块试验，并检查所有与合并单元相关的链路通信正常及相关保护的采样值正常。

3）若其他插件故障，更换后测试该插件的功能。

（2）母联保护装置故障。

1）检查母联保护装置，若母联保护装置故障，应先更换该光口的光模块。若缺陷未消除，则程序升级或更换 CPU 板件，更换后进行完整的保护装置测试。

2）检查电源板，若电源板故障，更换电源板。更换后进行电源模块试验，并检查所有与线路保护相关的链路通信正常及相关保护的采样值正常。

3）若其他插件故障，更换后测试该插件的功能。

（3）光纤或熔接口故障，则更换备芯或重新熔接光纤，更换后测试光功率正常，链路中断恢复。

母联保护装置与合并单元 SV 链路中断处理流程图如图 6.35 所示。

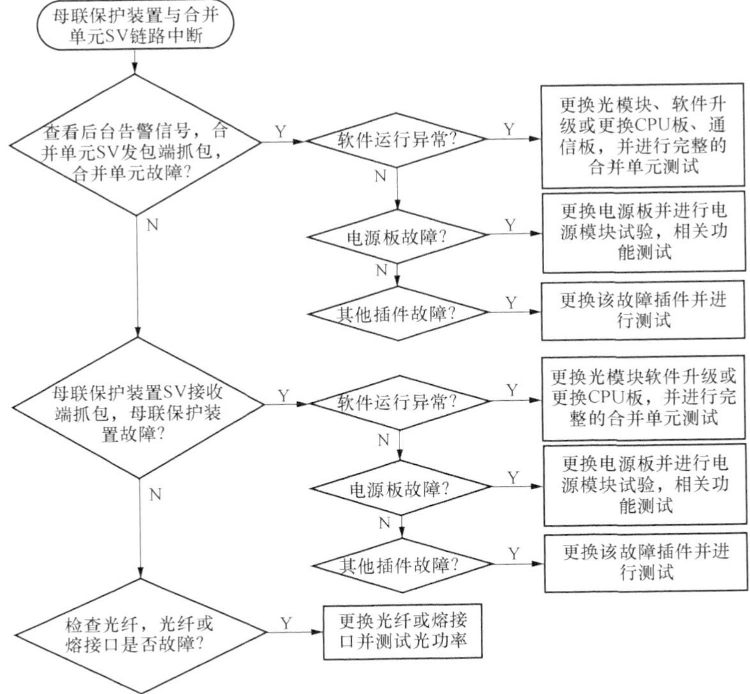

图 6.35　母联保护装置与合并单元 SV 链路中断处理流程图

6.3.12 母联保护装置与智能终端 GOOSE 链路中断

1. 故障现象及影响

母联保护装置、智能终端“异常”灯均亮，母联保护装置发智能终端 GOOSE 链路中断告警。

故障影响相关的二次设备有母联保护装置。

2. 安全措施与注意事项

若为智能终端异常，则按智能终端检修处理，对应间隔的保护以及母差保护改信号。若为 110kV 智能终端故障，则一次设备应陪停，退出 110kV 母差保护该间隔 SV 接收软压板，智能终端 GOOSE 出口软压板。

3. 缺陷原因诊断及分析

（1）智能终端故障。检查后台，若智能终端有异常信号或多套与该智能终端相关的保护装置有 GOOSE 断链信号，则初步判断为智能终端故障，检查智能终端。

在智能终端 GOOSE 发送端抓包，若抓包报文异常（无 GOOSE 心跳报文、APPID、MAC 地址、GocbRef 不匹配），则判断为智能终端故障。智能终端的故障原因有光模块故障、CPU 板件故障、电源板件故障、通信板件故障。

（2）光纤或熔接口故障。若仅有本间隔保护 SV 链路中断信号，则检查光纤是否完好，光纤衰耗、光功率是否正常。若异常，则判断光纤或熔接口故障。

（3）保护装置故障。在保护装置 GOOSE 接收端抓包，若抓包报文正常，则判断为保护装置故障。保护装置的故障原因有光模块故障、CPU 板件故障、电源板件故障、通信板件故障。

4. 缺陷处理流程

（1）智能终端故障。

1）检查智能终端，若智能终端故障，先更换该光口的光模块。若缺陷未消除，则程序升级或更换 CPU 板件，更换后进行完整的智能终端测试。

2）检查电源板，若电源板故障，更换电源板。更换后进行电源模块试验，并检查所有与智能终端相关的链路通信正常及相关保护的采样值正常。

3）若其他插件故障，更换后测试该插件的功能。

（2）母联保护装置故障。

1）检查母联保护装置，若母联保护装置故障，应先更换该光口的光模块。若缺陷未消除，则程序升级或更换CPU板件，更换后进行完整的保护装置测试。

2）检查电源板，若电源板故障，更换电源板。更换后进行电源模块试验，并检查所有与线路保护相关的链路通信正常及相关保护的采样值正常。

3）若其他插件故障，更换后测试该插件的功能。

（3）光纤或熔接口故障，则更换备芯或重新熔接光纤，更换后测试光功率正常，链路中断恢复。

母联保护装置与智能终端GOOSE链路中断处理流程图如图6.36所示。

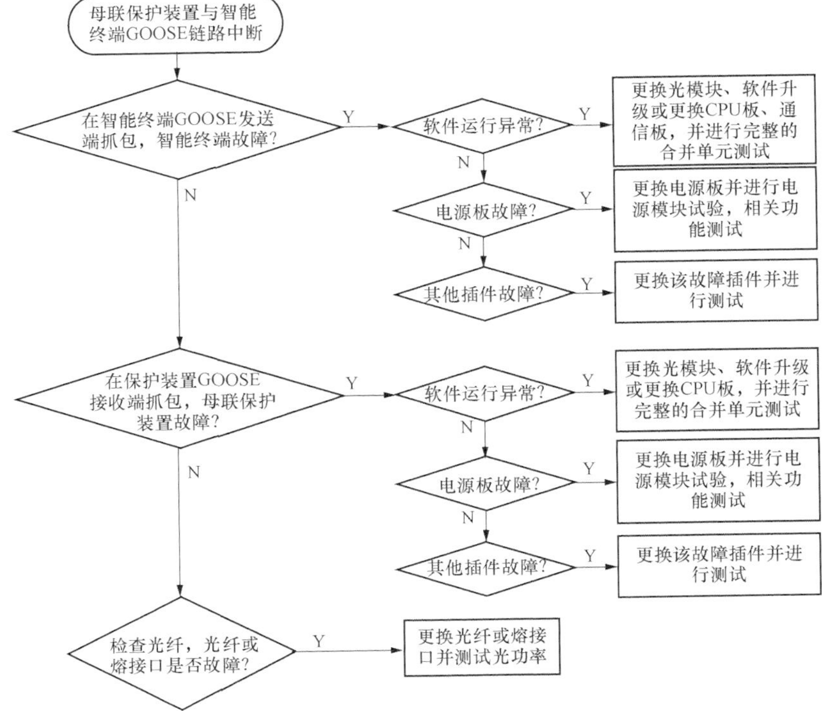

图6.36　母联保护装置与智能终端GOOSE链路中断处理流程图

6.3.13 220kV 母联保护装置与母线保护装置 GOOSE 链路中断

1. 故障现象及影响

母联保护装置与母线保护装置“异常”灯均亮，母联保护发母线保护 GOOSE 链路中断告警，母线保护发母联保护 GOOSE 链路中断告警。

影响相关的二次设备：母联保护装置、220kV 母线保护装置。

2. 安全措施与注意事项

母联保护改信号，对应母线保护改信号。

3. 缺陷原因诊断及分析

（1）交换机故障。检查后台信号，确定该 GOOSE 的其他接收方（测控、终端等）GOOSE 链路是否正常，若两侧保护、测控均出现异常，则可初步判断交换机转换处出现故障。交换机故障的原因有电源插件故障、端口故障、装置异常。

（2）光纤或熔接口故障。应先逐级检查光纤是否完好，光纤衰耗、光功率是否正常。若异常，则判断光纤或熔接口故障。

（3）母线保护异常。若光纤各参数正常，在母线保护发送端光纤处抓包，若报文异常，则为母线保护故障。若报文正常，则在交换机母线保护发送端光纤处抓包。若报文异常，则为交换机故障。其故障的原因有光模块异常、软件运行异常、CPU 板故障。

（4）母联保护异常。若光纤各参数正常，在交换机母线保护发送端光纤处抓包，若数据正常，则主变保护本身出现故障。其故障的原因有光模块异常、软件运行异常、CPU 板故障。

4. 缺陷处理流程

（1）母联保护故障。

1）先尝试更换该光口的光模块。

2）若判断为硬件故障，更换 CPU 后进行完整保护试验验证。

3）若判断为软件缺陷，进行软件升级处理，升级完成后进行完整保护试验。

（2）母线保护故障。

1）先尝试更换该光口的光模块。

2）若判断为硬件故障，更换CPU后进行完整保护试验验证。

3）若判断为软件缺陷，进行软件升级处理，升级完成后进行完整保护试验。

（3）交换机故障。

1）交换机电源故障，更换电源插件，如果故障仍未消除，则更换整台交换机。

2）端口故障，将光纤插到本交换机的另一个端口上，查看对应装置的GOOSE断链信号是否复归。若没有复归，则更换整台交换机。

3）装置异常，更换整台交换机，确认通过该台交换机的所有链路均正常，后台无相关告警信号。

（4）若光纤或熔接口故障，则更换备芯或重新熔接光纤。更换后测试光功率正常，链路中断恢复。

220kV母联保护装置与母线保护装置GOOSE链路中断处理流程图如图6.37所示。

6.3.14　故障录波器链路中断

1. 故障现象及影响

故障录波器装置“异常”灯均亮，故障录波器装置发链路中断告警。

故障影响相关的二次设备有故障录波器。

2. 安全措施与注意事项

故障录波器链路中断不影响保护功能。

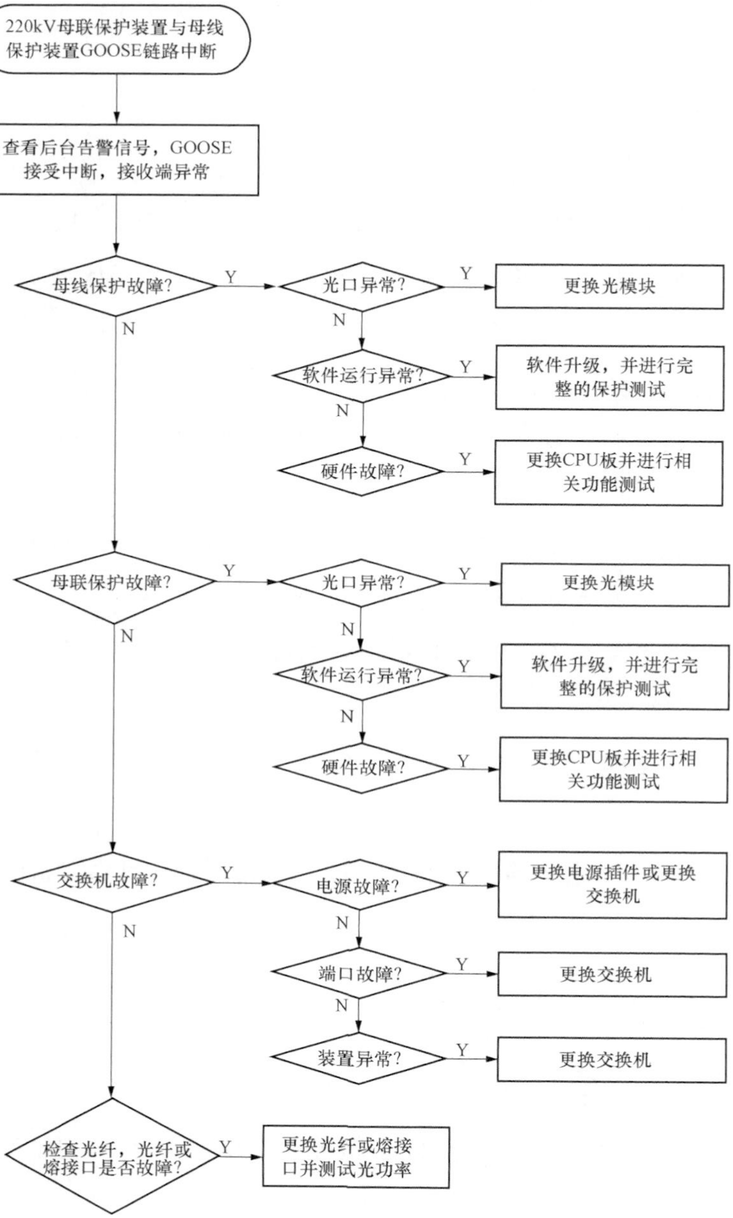

图 6.37　220kV 母联保护装置与母线保护装置 GOOSE 链路中断处理流程图

3. 缺陷原因诊断及分析

故障录波器链路中断异常点判断见表6.1。

表6.1 故障录波器链路中断异常点判断

序号	网采	直采	异常现象	初步判断异常点
1	√		A+C	发送端、交换机、发送端与交换机间或交换机与故障录波器间链路
2	√		A+D	交换机、发送端与交换机间、交换机与故障录波器间链路
3	√		B+C	交换机、发送端与故障录波器间链路
4	√		B+D	故障录波器链路
5		√	A+C	发送端
6		√	A+D	发送端、故障录波器链路
7		√	B+C	故障录波器链路
8		√	B+D	故障录波器链路或告警机制

注 A表示该信号相关的其他装置均报断链，或一部分报断链，一部分正常；B表示与该信号相关的其他装置均正常；C表示发送端有异常；D表示发送端无异常。

（1）发送端故障。检查发送端是否正常运行，点对点或组网口设置是否与工程配置相符，网口状态是否正常，各网口发送的数据是否一致，组播目的MAC是否与SCD一致。

（2）链路故障。检查发送端组网口到接收网口之间的链路（发送网口、光纤、故障录波器或交换机接收网口）。装置正常上电，检查网络Link指示灯，网线正常连接时为常亮，断开时熄灭，一般为绿色。如存在可手动拔插光纤或网线，应验证指示灯是否正常。检查数据数据接收Data指示灯，正常有数据交互时会闪烁，否则熄灭，一般为黄色，如指示灯不正常则需检查接收和发送网口、网线。

（3）交换机故障。检查交换机是否正常运行，VLAN设置是否与工程配置相符，网口状态是否正常。

（4）故障录波器故障。现场网络环境是否厂家设定的断链判定条件；告警机制是否为自保持告警，是否需要手动复归；故障录波器装置运行状态是否异常。

4. 缺陷处理流程

（1）故障录波器故障。

1）检查故障录波器，若故障录波器故障，则程序升级或更换 CPU 板件、通信板。更换后查看采样值是否正常，手动录波功能是否正常，并进行相关的故障录波器启动试验。

2）检查电源板，若电源板故障，更换电源板。更换后进行电源模块试验，并检查所有与故障录波器的链路通信正常及相关保护的采样值正常。

（2）保护装置故障。

1）检查其他保护装置，若其他保护装置故障，则程序升级或更换 CPU 板件、通信板，更换后进行完整的保护装置功能测试。

2）检查电源板，若电源板故障，更换电源板。更换后进行电源模块试验，并检查所有与之相关的链路通信正常及相关保护的采样值正常。

（3）交换机电源故障。

1）电源故障，更换电源插件，如果故障仍未消除，则更换整台交换机。

2）端口故障，将光纤插到本交换机的另一个端口上，查看对应装置的 GOOSE 断链信号是否复归。若没有复归，则更换整台交换机。

3）装置异常，更换整台交换机，确认通过该台交换机的所有链路均正常，后台无相关告警信号。

（4）光纤或熔接口故障，则更换备芯或重新熔接光纤，更换后测试光功率正常，链路中断恢复。

故障录波器链路中断处理流程图如图 6.38 所示。

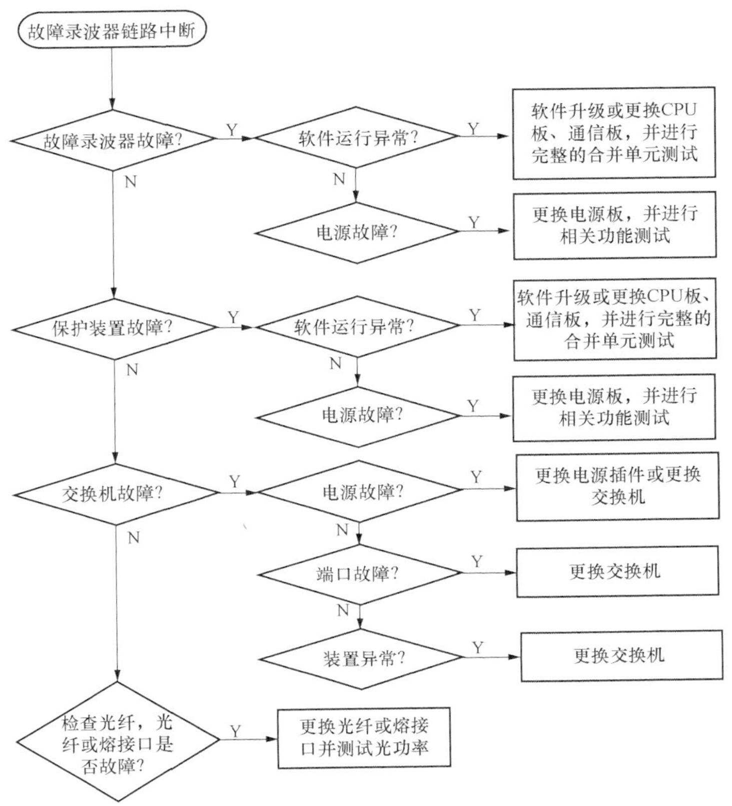

图 6.38　故障录波器链路中断处理流程图

6.3.15　备自投装置链路异常

1. 故障现象及影响

备自投装置“异常”灯均亮，备自投装置发链路中断告警。

故障影响相关的二次设备有备自投装置。

2. 安全措施与注意事项

(1) SV 数据中断。备自投保护改信号，退出相应出口软压板。

(2) GOOSE 链路中断。备自投保护改信号，退出相应出口软压板。

3. 缺陷原因诊断及分析

(1) SV数据中断。

1) 检测该组SV物理链路，面板链路异常灯点亮，接收不到该组SV数据。

2) 检测该组SV数据的同步标志，面板链路异常灯点亮，该组SV同步标志异常。

3) 检测该组SV的接收配置和发送配置，面板链路异常灯点亮，该组SV接收报文的配置不一致。

4) 检测对应合并单元延时，面板链路异常灯点亮，该组SV的延时大于2ms。

(2) GOOSE链路中断。

1) 检测该组GOOSE的A网物理链路，面板链路异常灯点亮，接收不到A网的该组GOOSE数据。

2) 检测该组GOOSE的接收配置和发送配置，面板链路异常灯点亮，该组GOOSE接收报文的配置不一致。

(3) 检测该光口对应接收光纤光强，面板链路异常灯点亮，主NPI第X个光口接收功率越限或从NPI第X个光口接收功率越限。

4. 缺陷处理流程

(1) SV数据中断。

1) 过程层SV通道异常，过程层光纤是否完好，松动等，更换备用芯。

2) 过程层SV通道异常，检测过程对应合并单元运行状态，出现合并单元异常状态即时消除。

3) 过程层SV通道异常，装置过程层NPI插件故障，更换NPI消除通道异常。

4) 保护装置CPU硬件故障引起的中断，需要更换保护硬件消除故障。

(2) GOOSE链路中断。

1) 过程层光纤是否完好、松动等，更换备用芯。

2）检测过程对应智能终端运行状态，出现智能终端故障或者异常状态即时消除。

3）备自投装置过程层 NPI 插件硬件故障，更换 NPI 消除通道异常。

4）保护装置 CPU 硬件故障引起的中断，需要更换保护硬件消除故障。

备自投装置链路异常处理流程图如图 6.39 所示。

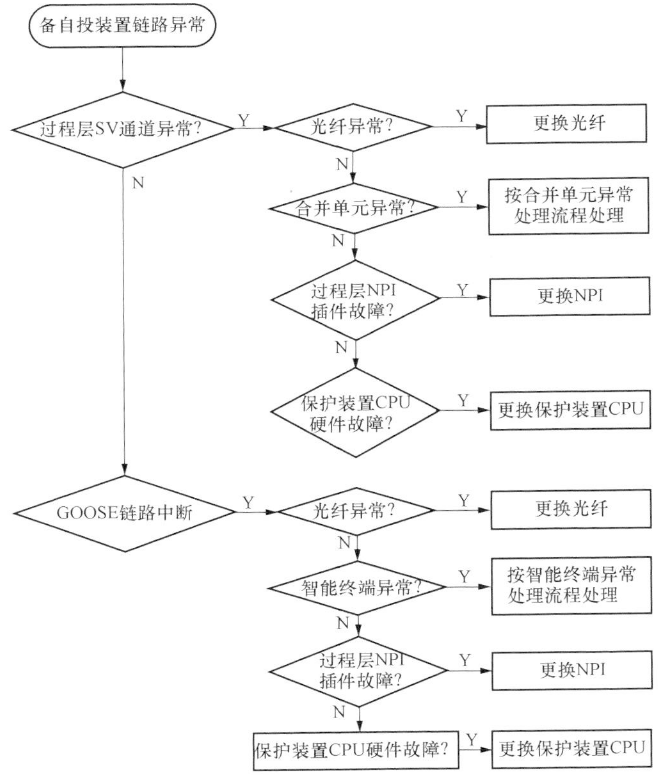

图 6.39　备自投装置链路异常处理流程图

第7章　其他设备典型缺陷分析与处理

7.1　备自投装置通用缺陷及其处理方法

7.1.1　备自投装置死机

1. 故障现象及影响

备自投装置死机，按键无反应，运行灯灭等如图7.1所示。

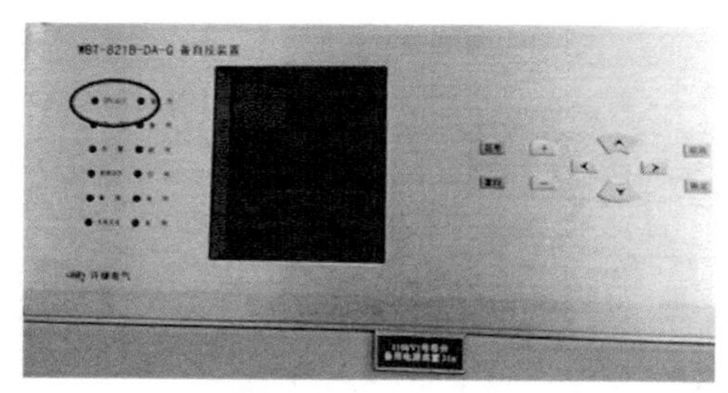

图7.1　备自投装置运行灯灭，按键无反应

2. 安全措施与注意事项

备自投装置由跳闸改信号，放上装置检修状态投入压板。

3. 缺陷原因诊断及分析

备自投装置死机，故障原因主要有装置电源插件故障、CPU插件或NPI插件（许继电气保护装置）故障。若装置输入电源不正常，则可判断为电源回路故障。若装置输入电源正常而输出不正常，则可判断为电源板故障。若装置直流电源输入、输出均正常，则可以判断仅为面板故障引起。若装置电源板、面板均正常，则可以判断可能为CPU插件故障引起运行灯闪烁。若面板NPI运行灯熄灭，则可以判断为NPI插件死机。

4. 缺陷处理流程

（1）检查分析，根据现象分析初步判断故障原因。

1）装置失电告警触点闭合，则判断为装置失电，对电源回路进行检查。

2）装置面板 CPU 运行灯熄灭，则判断为装置 CPU 插件死机。

3）装置面板 NPI 运行灯熄灭，则判断为 NPI 插件死机。

4）液晶无显示、站控层通信中断，则判断为人机管理插件死机。

(2) 装置电源回路检查。用万用表测量外部电源是否送给装置背部端子，液晶屏无显示，电源插件 24V 和 5V 灯熄灭，失电告警触点闭合，则需更换电源插件，更换后失电告警触点打开，装置运行正常。注意：新更换的电源插件直流电源额定电压应与原装置的直流电源额定电压相一致。

(3) CPU 检查。检查电源正常的情况下，CPU 运行灯熄灭，或装置自检报文有 RAM、EEPROM、FLASH 自检出错及开出回路击穿、扩展开出错等内容，则需更换 CPU 插件，更换后 CPU 运行灯常亮，装置运行正常。

(4) NPI 检查。面板 NPI 运行灯灭，检查若为配置文件错误，改正配置文件后，NPI 运行灯常亮，装置运行正常；若为 NPI 硬件故障，则更换 NPI 插件。更换后 NPI 运行灯常亮。

(5) 接口插件检查。若装置液晶无显示、站控层通信中断，则判断为人机管理插件死机。更换接口插件后，液晶显示正常，装置运行正常。

备自投装置死机缺陷处理流程图如图 7.2 所示。

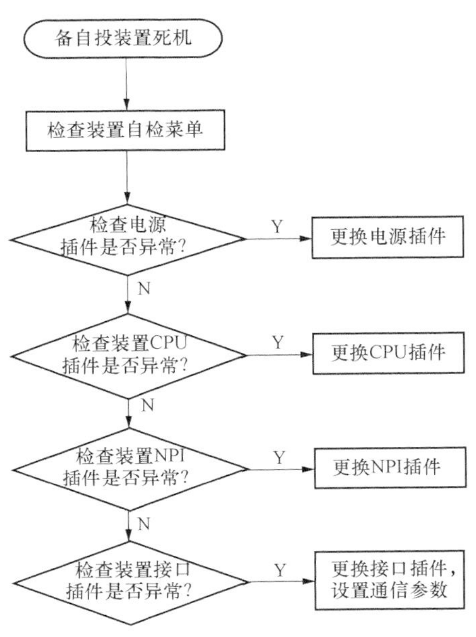

图 7.2　备自投装置死机缺陷处理流程图

7.1.2　备自投装置开入异常

1. 故障现象及影响

备自投装置显示位置异常；备自投装置无法充电，装置面板充电指示灯闪烁；备自投装置显示控制回路异常（见图7.3)；备自投装置显示对时信号异常等。备自投装置开入异常会造成备自投装置无法正确动作。

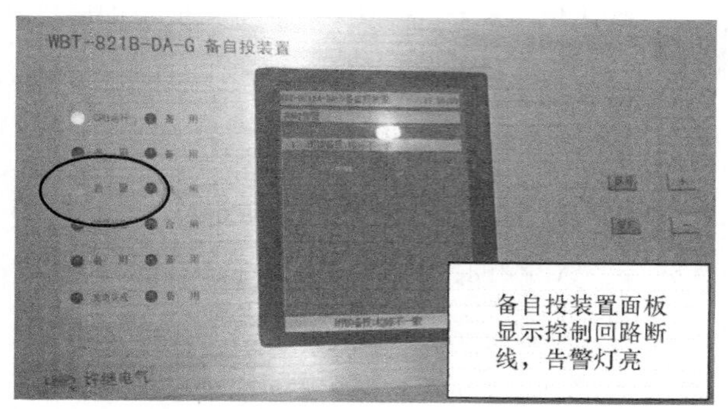

图7.3　备自投装置控制回路断线导致告警

2. 安全措施与注意事项

将备自投保护改信号，并退出相应出口软压板。

3. 缺陷原因诊断及分析

备自投装置开入异常，故障原因主要有备自投装置CPU板损坏、开入插件损坏、过程层插件损坏等。

4. 缺陷处理流程

(1) 进入备自投保护装置查看报文，根据报文初步判断故障原因。

(2) 位置开入异常。装置报文显示××位置异常，应先检查外部开入信号是否与现实情况一致，若不一致检查外部回路；若一致可判断为开入插件故障，更换过程层开入插件。

(3) 拒跳。排查跳闸回路，若是操作插件问题，更换操作插件；查看断路器位置回路故障，若是开入插件问题，更换开入插件，更换后正常。

(4) 充电不成功。备自投无法充电的故障原因主要包括备自投保护装置外部输入量是否满足，备自投装置定值逻辑是否正确，备自投装置外部是有否闭锁等。检查充电功能压板和控制字是否投入和检查断路器跳合位开入是否符合充电条件，修正后正常充电。检查保护 CPU 插件，更换 CPU 插件。

(5) 控制回路异常。出现电压断线故障时，检查跳合位监视回路，过程层操作插件故障，更换操作插件，更换后正常。

(6) 弹簧未储能。过程层开入插件故障，更换过程层开入插件，更换后正常。

(7) GPS 脉冲消失。排查外部脉冲和对时方式问题。

备自投装置开入异常（以充电不成功为例）缺陷处理流程图如图 7.4 所示。

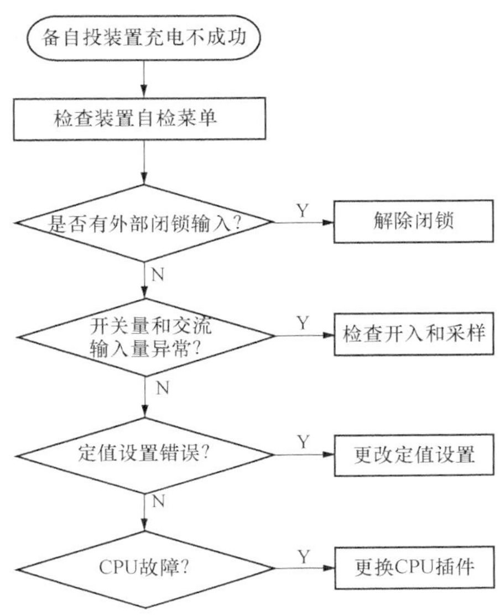

图 7.4　备自投装置开入异常（以充电不成功为例）缺陷处理流程图

7.1.3　备自投装置采样异常

1. 故障现象及影响

备自投装置采样异常告警，如图 7.5 所示。

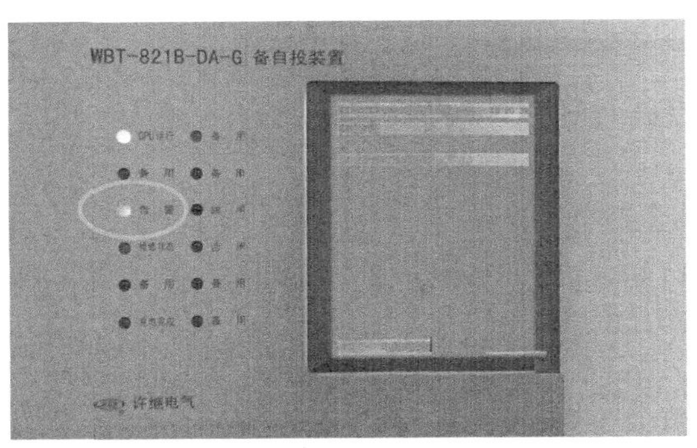

图 7.5　备自投装置分段 TA 采样异常导致告警

2. 安全措施与注意事项

将备自投保护改信号，并退出相应出口软压板。

3. 缺陷原因诊断及分析

备自投装置采样异常，故障原因主要有对应 SV 数据的品质位异常（如Ⅰ母 TV 品质异常、Ⅱ母 TV 品质异常、进线一 TV 品质异常、进线一 TA 品质异常、进线二 TV 品质异常、进线二 TA 品质异常、分段 TA 品质异常），检测该光口对应接收光纤光强（主 NPI 第 X 个光口接收功率越限、从 NPI 第 X 个光口接收功率越限），检查合并单元交流回路。

4. 缺陷处理流程

（1）进入备自投保护装置查看报文，根据报文初步判断故障原因。

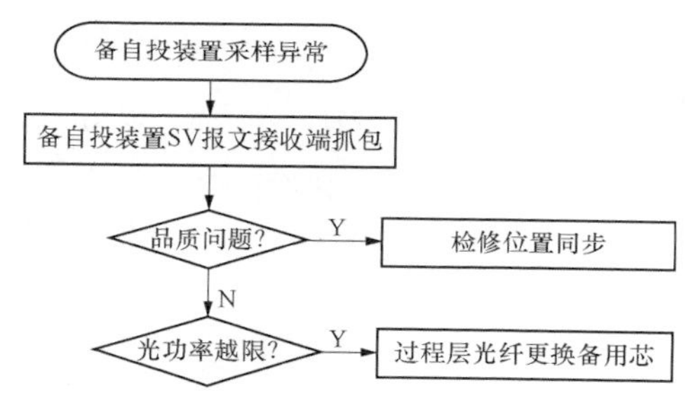

图 7.6　备自投装置采样异常缺陷处理流程图

（2）品质问题。合并单元与备自投保护检修是否一致，是否同步，同步后正常。

（3）光功率越限。过程层 SV 通道异常，过程层光纤是否完好，松动等，更换备用芯。

备自投装置采样异常缺陷处理流程图如图 7.6 所示。

7.1.4　备自投装置通信中断

1. 故障现象及影响

后台报“备自投装置通信中断”信号，如图 7.7 所示。

2. 安全措施与注意事项

将备自投保护改信号。

3. 缺陷原因诊断及分析

备自投装置通信中断，故障原因主要有网线损坏、交换机故障或备自投通信

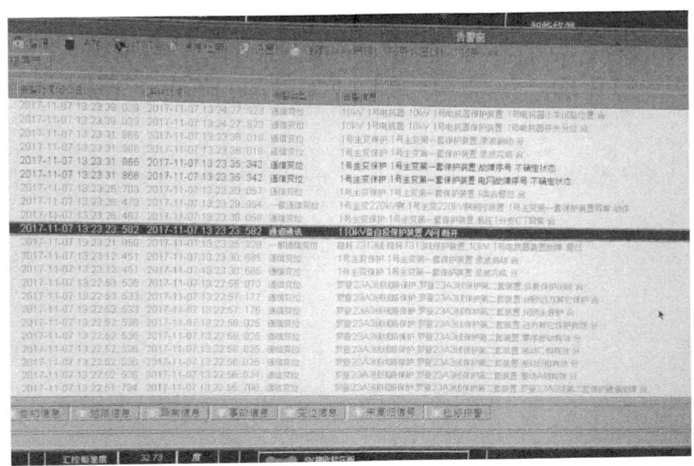

图 7.7　备自投装置通信中断

板件故障等。根据现场告警的现象，分析是个别装置通信中断还是大部分保护装置都发生通信中断。如果是大部分保护装置都发生通信中断，检查交换机、保护管理机、通信网关或网络总线部分是否正常。如果只是该装置通信中断，则检查本装置的通信线接触是否良好，采取简单的网络软件检查保护装置通信是否异常（如 PING 命令等），进行必要的检查、紧固；若完好，则检查人机交换线是否接触良好，必要时更换通信线。

4. 缺陷处理流程

（1）根据现场告警现象，初步判断故障原因。

（2）交换机故障。更换交换机，并进行完整的通信测试。

（3）备自投装置故障。若只有该备自投装置通信中断，采取简单的网络软件检查保护装置通信是否异常（如 PING 命令等）；若通信板故障，更换后进行通信正常测试。

（4）网线问题。如果网线松动，插紧网线，压紧网线端口，必要时更换交换机网口。

备自投装置通信中断缺陷处理流程图如图 7.8 所示。

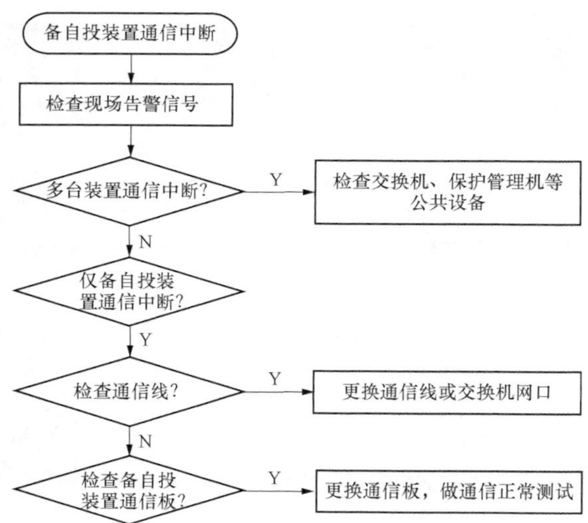

图 7.8　备自投装置通信中断缺陷处理流程图

7.1.5　备自投装置同步异常

1. 故障现象及影响

备自投装置报第 X 组 SV 失步。

2. 安全措施与注意事项

将备自投保护改信号。

3. 缺陷原因诊断及分析

备自投装置同步异常，故障原因主要有对时装置故障、对时设置出错、对时线故障或备自投装置对时口故障。检查同一条对时线上的装置对时是否正常，若不正常，判断对时装置接过来的对时线故障或其对时口故障。若其他装置对时正常，则检查 GPS 对时光纤是否完好，光纤衰耗、光功率是否正常；若异常，则判断光纤或熔接口故障。如果更换备用光纤或重新熔接检测正常后仍不能对时正常，需要更换备自投保护装置对时模件。

4. 缺陷处理流程

(1) 进入备自投保护装置查看报文，根据报文初步判断故障原因。

（2）备自投装置故障。更换备自投保护装置对时板卡，更改装置对时设置，更换后查看对时状态。

（3）对时装置故障。更换对时模块，更换后查看全所装置对时信号。

（4）对时线故障。若为光纤或熔接口故障，则更换备芯或重新熔接光纤，更换后测试光功率正常，链路中断恢复；必要时更换对时输出口。

备自投装置同步异常缺陷处理流程图如图 7.9 所示。

备自投装置链路异常处理方法详见第 6 章 6.3.15 标题。

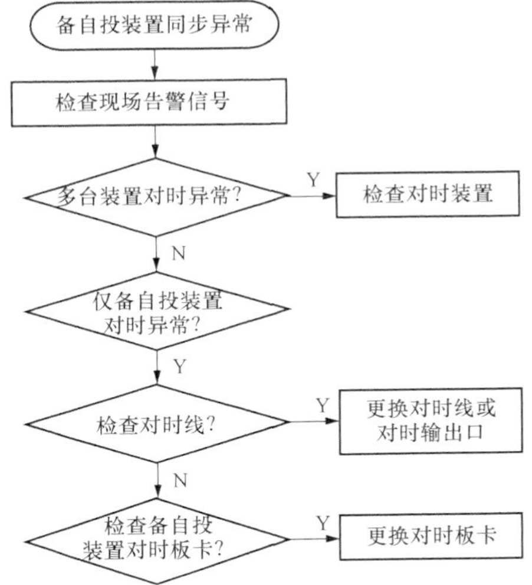

图 7.9　备自投装置同步异常缺陷处理流程图

7.2　保信子站装置通用缺陷及其处理方法

7.2.1　保信子站装置死机

1. 故障现象及影响

保信子站装置死机，操作无反应。

2. 安全措施与注意事项

暂时停止主站服务

3. 缺陷原因诊断及分析

保信子站装置死机，故障原因主要有系统崩溃、软硬件不兼容、扩展网卡故障、强制关机或掉电等。

4. 缺陷处理流程

（1）检查分析，根据现象分析初步判断故障原因。

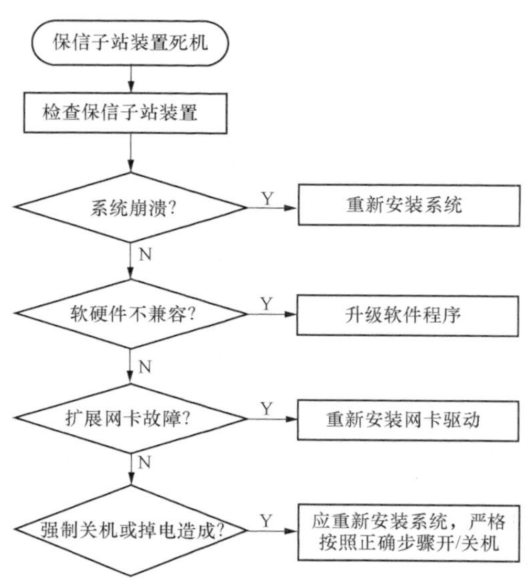

图 7.10 保信子站装置死机缺陷处理流程图

(2) 系统崩溃。确认是否为硬件问题，重新安装系统。

(3) 软硬件不兼容。升级软件程序，消除问题。

(4) 扩展网卡故障。重新安装网卡驱动。

(5) 强制关机或掉电。若因为强制关机或掉电造成装置死机，无法启动，应重新安装系统，严格按照正确步骤开/关机。

保信子站装置死机缺陷处理流程图如图 7.10 所示。

7.2.2 保信子站装置电源消失

1. 故障现象及影响

保信子站装置失电，如图 7.11 所示。

图 7.11 保信子站装置电源消失，装置电源指示灯为红色

2. 安全措施与注意事项

应暂时停止主站服务。

3. 缺陷原因诊断及分析

保信子站装置电源消失，故障原因主要有电源回路、电源线或电源模块损坏。若装置输入电源不正常，则需对电源回路进行检查；若装置输入电压正常而

输出不正常，则可判断为电源线或电源模块故障。

4. 缺陷处理流程

（1）检查分析，根据现象分析初步判断故障原因。

（2）装置电源回路检查。如电源线损坏更换电源线；如电源模块损坏，联系厂家更换电源模块。

（3）外部电源回路检查。用万用表测量装置电源自动空气开关与装置电源板各处交流量值。若自动空气开关下端值异常，则自动空气开关故障，更换自动空气开关。

保信子站装置电源消失缺陷处理流程图如图7.12所示。

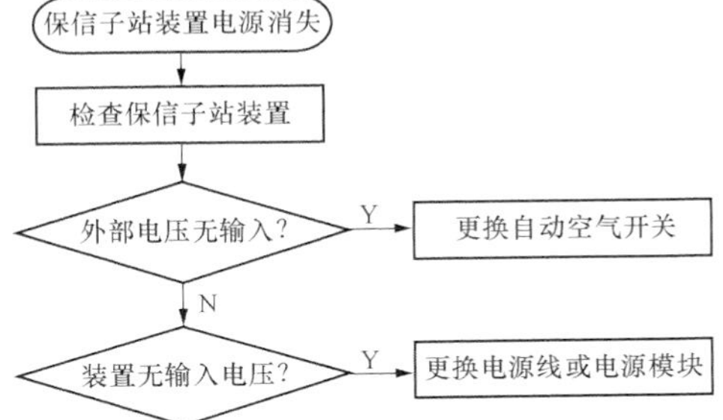

图7.12　保信子站装置电源消失缺陷处理流程图

7.2.3　保信子站装置站控层通信中断

1. 故障现象及影响

保信子站显示“××装置通信中断”，通信状态指示灯为红色，如图7.13所示。

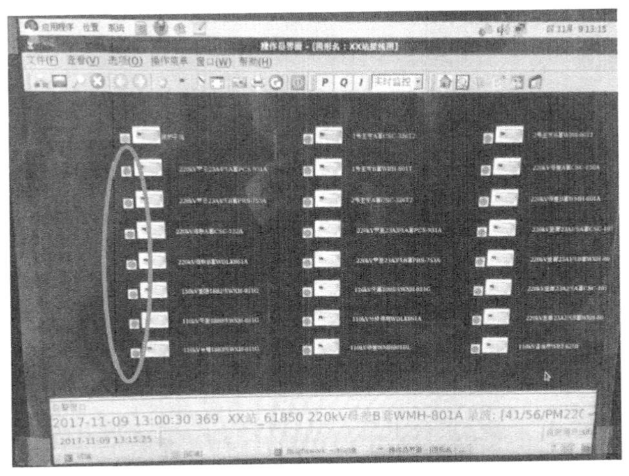

图7.13　保信子站装置站控层网络中断

2. 安全措施与注意事项

应暂时停止主站服务。

3. 缺陷原因诊断及分析

保信子站装置站控层通信中断，故障原因主要有：网线或网口松动、交换机故障、保护更换模型文件。

4. 缺陷处理流程

(1) 进入保信子站装置查看报文，根据报文初步判断故障原因。

(2) 网线或网口松动。确认是否网口或网线松动，重新固定插入。

(3) 交换机故障。确认是否交换机故障，重启交换机尝试修复。如依旧中断请联系厂家更换。

(4) 保护更换模型文件。确认保护是否更换模型，如确定跟换联系厂家更新子站模型，并说明更换理由。

保信子站装置站控层通信中断缺陷处理流程图如图 7.14 所示。

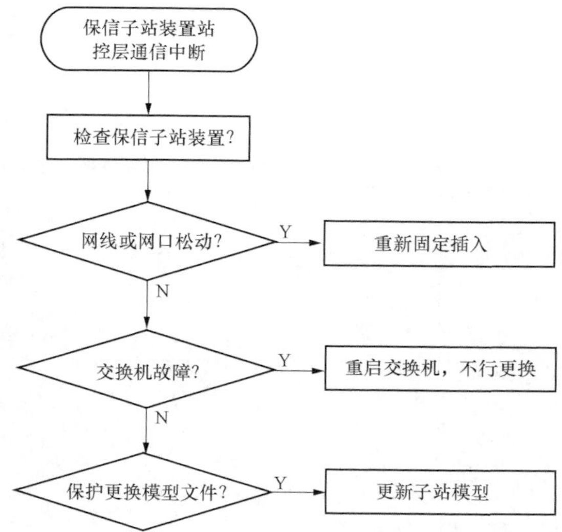

图 7.14　保信子站装置站控层通信中断缺陷处理流程图

7.3　故障录波器通用缺陷及其处理方法

7.3.1　故障录波器装置死机、重启

1. 故障现象及影响

故障录波器装置死机，操作无反应，如图 7.15 所示。

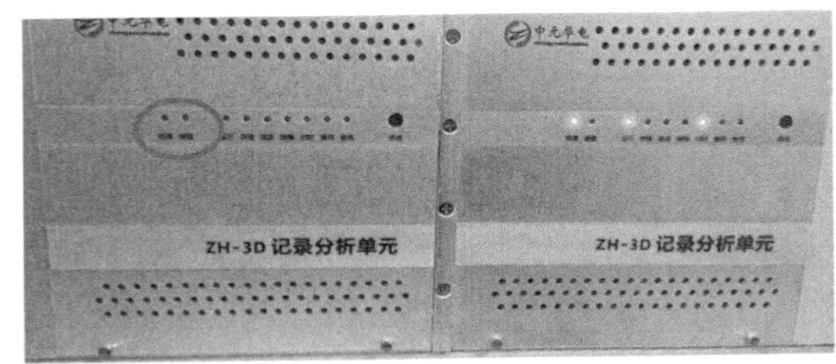

图 7.15　故障录波器装置死机

2. 安全措施与注意事项

断开故障录波器的录波启动、装置异常告警开出节点。

3. 缺陷原因诊断及分析

故障录波器死机或无限重启，故障原因主要有装置故障、装置电源自动空气开关跳闸、软件原因等。检查故障录波器死机/重启是否与外接信号有关，断开所有接入报文，若仍死机/重启，则初步判断为装置自身软硬件引起，否则说明由外部报文输入触发。对于装置自身原因，则需进一步检查电源（输入输出）、其他硬件（内存、硬盘、插件）、软件；对于外部输入原因，需要检查报文是否有效（时间序列、内容、流量），如果报文一切正常，则可能是报文触发了装置的潜在异常。

4. 缺陷处理流程

（1）检查分析，根据现象分析初步判断故障原因。

（2）装置电源检查。检查电源端子处的输入电压，电源屏与电源端子之间连线是否完好，排除接触不良，电压不足等问题；检查装置电源模块输出是否达到设计要求，排除因模块老化、抗干扰能力不足、输出功率不足或不稳定，使装置无法正常运行。

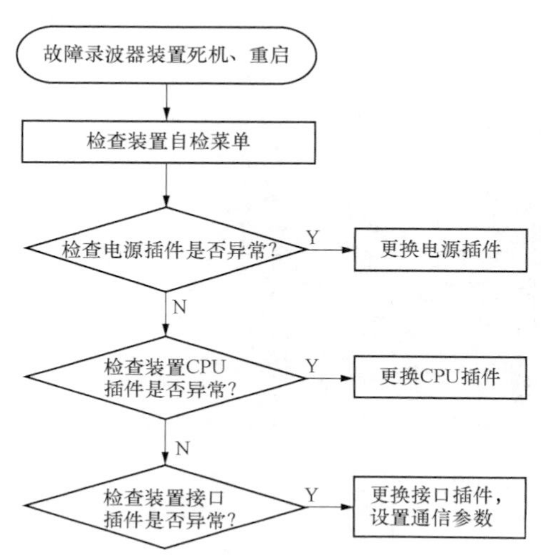

图 7.16　故障录波器装置死机/重启缺陷处理流程图

（3）装置硬件检查。检查内存、硬盘、其他插件是否安装良好，装置温度是否在正常范围内，排除因硬件异常导致的装置自复位；检查软件是否有相关界面提示或跟踪信息可供参考。

故障录波器装置死机、重启缺陷处理流程图如图 7.16 所示。

7.3.2　故障录波器开入异常

1. 故障现象及影响

故障录波器采集的开关位置异常。

2. 安全措施与注意事项

断开故障录波器的录波启动、装置异常告警开出节点、退出相关开关量启动定值。

3. 缺陷原因诊断及分析

故障录波器开入异常，故障原因主要为 GOOSE 发送端或故障录波器故障。检查后台，若多套与该 GOOSE 报文相关的其他装置有开入异常信号，则初步判断为该 GOOSE 发送端故障；在故障录波器 GOOSE 报文接收端抓包，若抓包报文异常，则初步判断为该 GOOSE 发送端故障，若报文正常则为故障录波器故障。

4. 缺陷处理流程

（1）检查分析，根据故障信号初步判断故障位置。

（2）GOOSE发送端故障。若确定为GOOSE发送端故障，则对合并单元进行程序升级或更换板件，若电源板故障，更换后做电源模块试验，并检查所有与合并单元相关装置的采样值正常；若程序升级或更换CPU板、通信板，更换后进行完整的合并单元测试。

（3）故障录波器故障。若确定为故障录波器故障，则对故障录波器进行程序升级或更换板件，若电源板故障，更换后做电源模块试验，并检查所有SV接收与计算采样值正常；若程序升级或更换CPU板、通信板，更换后进行完整的录波功能测试。

故障录波器开入异常缺陷处理流程图如图7.17所示。

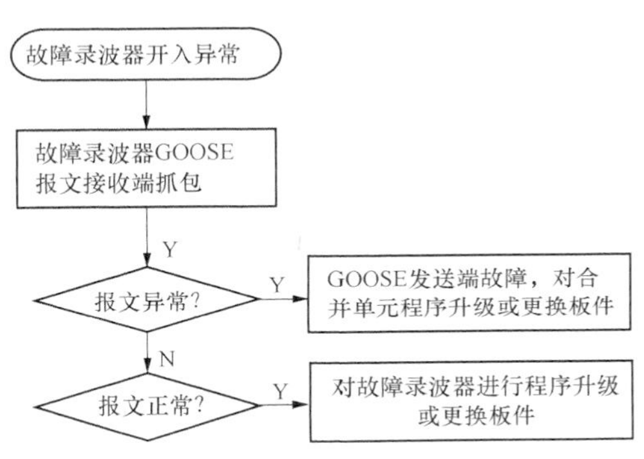

图7.17 故障录波器开入异常缺陷处理流程图

7.3.3 故障录波器采样异常

1. 故障现象及影响

故障录波器采集电流电压异常。

2. 安全措施与注意事项

断开故障录波器的录波启动，装置异常告警开出节点，退出相关采样值启动定值。

3. 缺陷原因诊断及分析

故障录波器采样异常，故障原因主要为合并单元或故障录波器故障。检查后台，若多套与该合并单元相关的保护装置有采样异常信号，则初步判断为合并单元故障；在故障录波器SV报文接收端抓包，若抓包报文异常，则初步判断为合并单元故障，若报文正常则为故障录波器故障。

4. 缺陷处理流程

（1）检查分析，根据故障现象初步判断故障位置。

（2）合并单元故障。对合并单元进行程序升级或更换板件，若电源板故障，更换后做电源模块试验，并检查所有与合并单元相关装置的采样值正常；若程序升级或更换 CPU 板、通信板，更换后进行完整的合并单元测试。

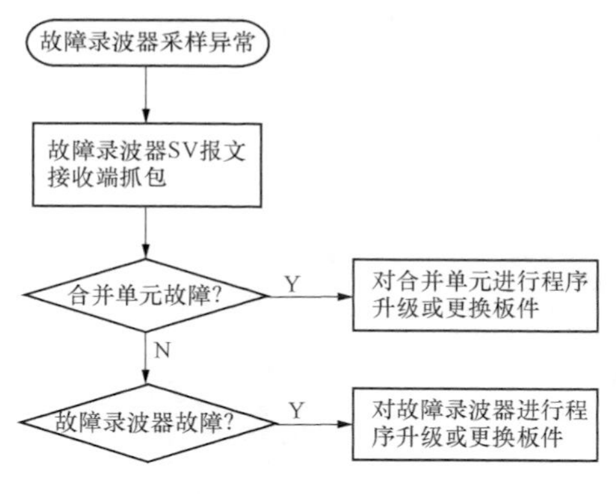

图 7.18　故障录波器采样异常缺陷处理流程图

（3）故障录波器故障。对故障录波器进行程序升级或更换板件，若电源板故障，更换后做电源模块试验，并检查所有 SV 接收与计算采样值正常；若程序升级或更换 CPU 板、通信板，更换后进行完整的录波功能测试。

故障录波器采样异常缺陷处理流程图如图 7.18 所示。

7.3.4　故障录波器站控层通信中断

1. 故障现象及影响

故障录波器通信中断。

2. 安全措施与注意事项

断开故障录波器装置异常告警开出节点。

3. 缺陷原因诊断及分析

故障录波器站控层通信中断，故障原因主要有交换机故障、网线连接异常、IP 设置异常等。检查与故录通信使用相同交换机的其他装置，如均有通信中断则初步判断为交换机故障。排除以上原因后，检查网络连接，如网络链接指示灯未点亮，初步判断为网线连接异常。排除以上原因后，检查 IP 设置，如客户端无法收到 Ping 响应，初步判断为 IP 设置异常。排除以上原因后，抓取站控层客户端与故录通信报文，分析报文。

4. 缺陷处理流程

（1）检查分析，根据故障现象初步判断故障位置。

（2）交换机故障。对交换机进行程序升级或更换装置，若电源板故障，更换后做电源模块试验，并检查所有网口通信正常；若程序升级或更换装置，更换后进行完整的交换机功能测试。

（3）网线连接异常。更换备用网线，更换后通信恢复。

（4）IP 设置异常。按照变电站配置重新设置 IP，客户端收到 Ping 响应，通信恢复。

（5）分析报文。分析站控层客户端与故录通信报文，确认 TCP 连接、MMS 连接、服务请求与响应等交互的异常点，针对报文分析是否为配置错误、控制块被占用、由于某种错误导致反复连接、服务端与客户端对标准理解不一致或其他问题，根据需要程序升级或更改配置。

故障录波器站控层通信中断缺陷处理流程图如图 7.19 所示。

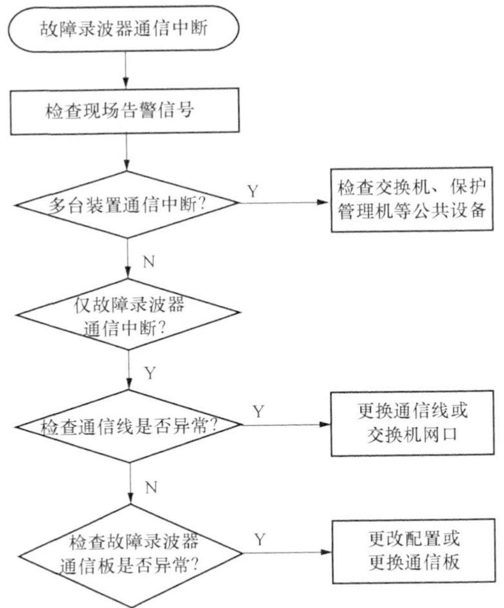

图 7.19　故障录波器站控层通信中断缺陷处理流程图

7.3.5 故障录波器同步异常

1. 故障现象及影响

故障录波器显示时间不正确，如图 7.20 所示。

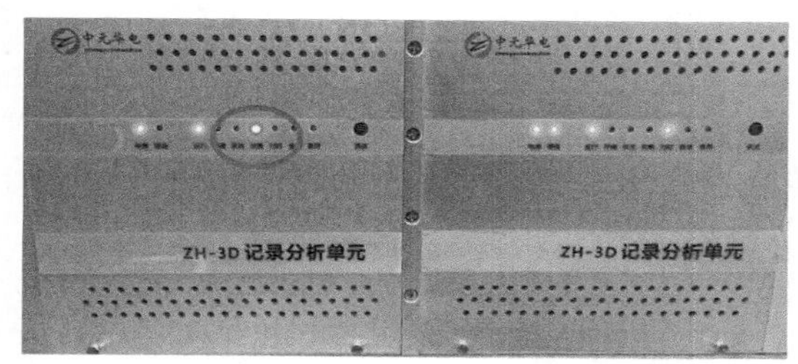

图 7.20 故障录波器同步异常，对时灯灭，告警灯亮

2. 安全措施与注意事项

断开故障录波器的录波启动、装置异常告警开出节点。

3. 缺陷原因诊断及分析

故障录波器同步异常，故障原因主要为同步时钟故障或录波器故障。检查时钟设备信号输入有效性，如多套与故障录波器接收相同时钟信号的装置也有采样同步异常信号，则初步判断为同步时钟故障。若其他装置无告警，则同步信号测试仪验证信号是否有效；对时信号有效时，检查故障录波器对时配置，如果时钟选择与输入相符，则为故障录波器故障。

4. 缺陷处理流程

（1）检查分析，根据故障现象初步判断故障位置。

（2）时钟设备故障。对时钟设备进行程序升级或更换板件，若电源板故障，更换后进行电源模块试验，并检查所有同步输出口的信号是否有效。若程序升级或更换 CPU 板、扩展板，更换后进行完整的时钟设备测试。

（3）故障录波器故障。对故障录波器进行程序升级或更换板件，若电源板故障，更换后做电源模块试验，并检查所有对时功能正常；若程序升级或更换 CPU 板、对时板，更换后进行完整的录波功能测试。

故障录波器同步异常缺陷处理流程图如图 7.21 所示。

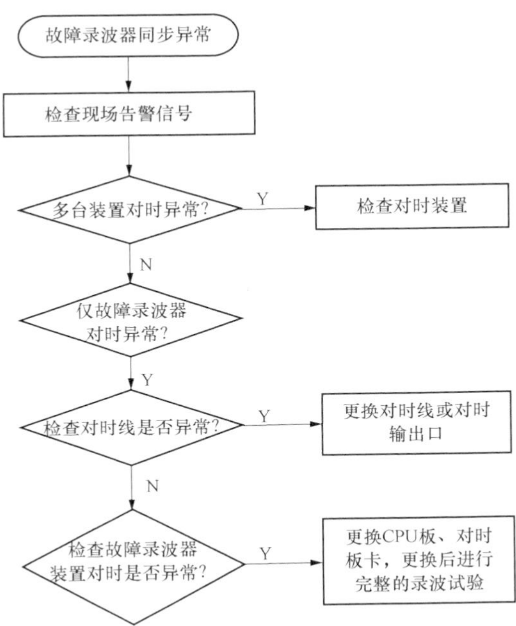

图 7.21　故障录波器同步异常缺陷处理流程图

7.4　GPS 装置通用缺陷及其处理方法

7.4.1　GPS 装置故障

1. 故障现象及影响

GPS 装置告警或 GPS 装置失电，如图 7.22 所示。

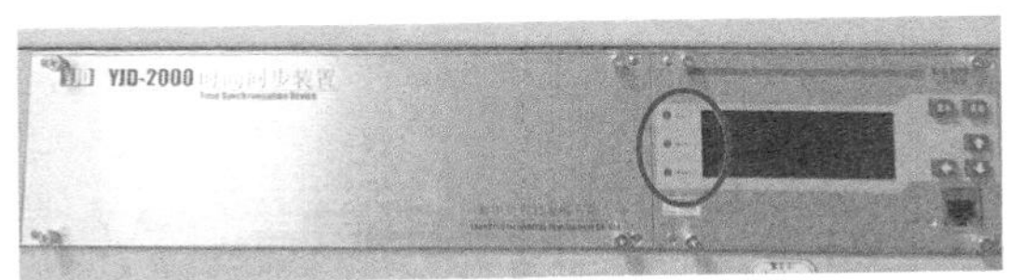

图 7.22　GPS 装置失电，运行灯灭

2. 安全措施及注意事项

采用网络采样或网络跳闸模式的保护装置需要退出运行，防止保护误动。

3. 缺陷原因诊断及分析

GPS装置自身硬件包括CPU、电源板等插件故障引起GPS装置告警。

4. 缺陷处理流程

检查GPS装置自身相关硬件是否正常，更换损坏的插件。GPS装置故障缺陷处理流程图如图7.23所示。

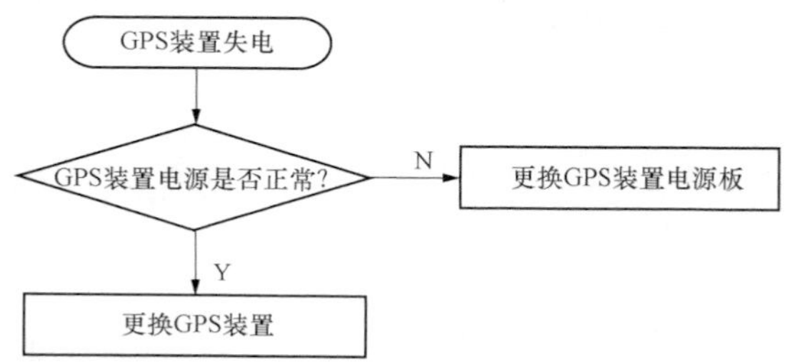

图7.23　GPS装置故障缺陷处理流程图

7.4.2　GPS装置对时异常

1. 故障现象及影响

GPS装置显示时间与实际时间不符，如图7.24所示。

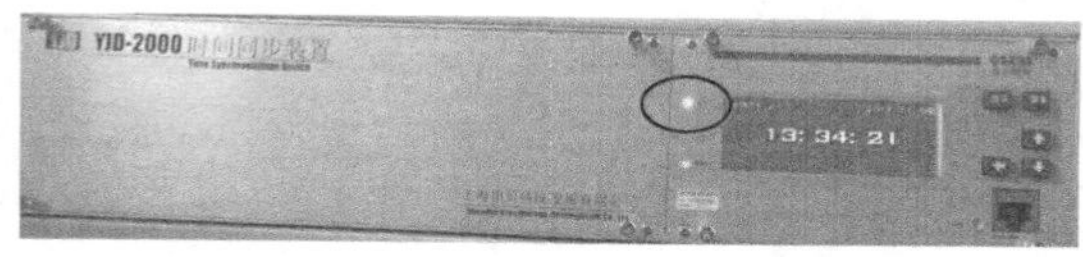

图7.24　GPS装置对时异常，面板告警灯亮

2. 安全措施及注意事项

采用网络采样或网络跳闸模式的保护装置需要退出运行，防止保护误动。

3. 缺陷原因诊断及分析

GPS装置对时异常主要原因有：①GPS对时天线故障引起GPS装置对时不准；②GPS装置本身硬件故障引起装置对时不准。

4. 缺陷处理流程

检查 GPS 对时天线是否正常，若对时天线故障则更换相应的 GPS 天线。

检查 GPS 装置自身是否有故障，若确认装置自身硬件故障，则更换 GPS 装置相应硬件。

GPS 装置对时异常缺陷处理流程图如图 7.25 所示。

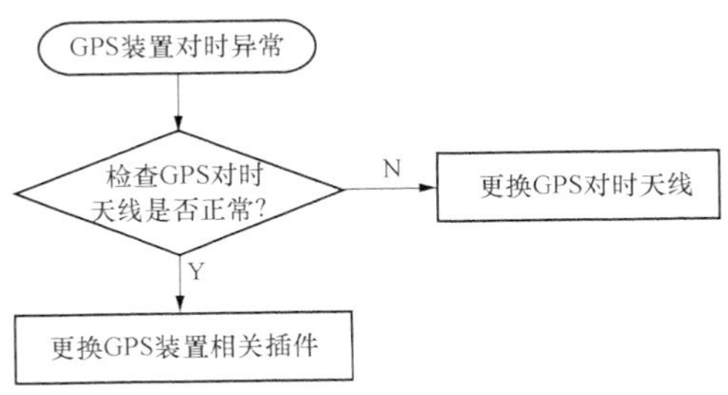

图 7.25　GPS 装置对时异常缺陷处理流程图

7.4.3　二次设备失步或对时异常

1. 故障现象及影响

一台或多台二次设备同时报失步或装置对时异常，如图 7.26 所示。

2. 安全措施及注意事项

采用网络采样或网络跳闸模式的保护装置（如备压板）需要退出运行，防止保护误动。

3. 缺陷原因诊断及分析

GPS 装置对应光口故障，发出光功率偏低可能会引起二次设备报失步或装置对时异常。GPS 装置光口故障原因包括：①单个光口由于长时间运行损坏；②光口插件损坏，造成

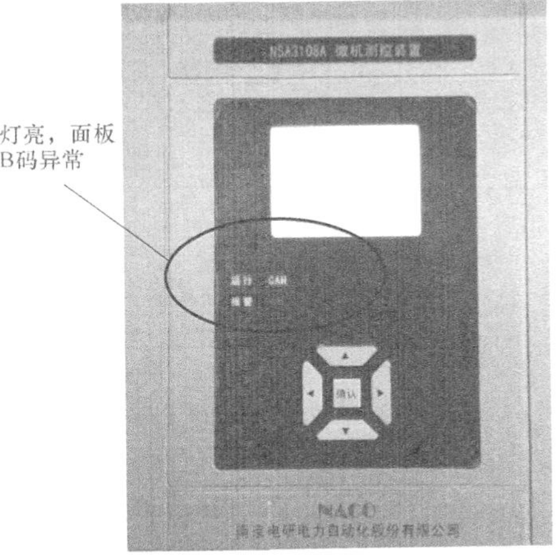

图 7.26　保护装置对时异常

插件上所有光口光功率偏低；③GPS装置硬件故障（如装置电源板），引起GPS装置多个光口插件上所有光口光功率偏低。

4. 缺陷处理流程

单台二次设备报失步或装置对时异常，则检查该设备对应GPS设备光口光功率是否正常，若光功率偏低则更换光口。

多台二次设备同时报失步或装置对时异常，检查异常装置对应GPS光口是否为同一光口插件，若均为同一光口插件，则更换相应光口插件；若对应多个不同光口插件，则检查GPS装置是否存在异常，更换GPS装置电源或整台GPS装置。

二次设备失步或对时异常缺陷处理流程图如图7.27所示。

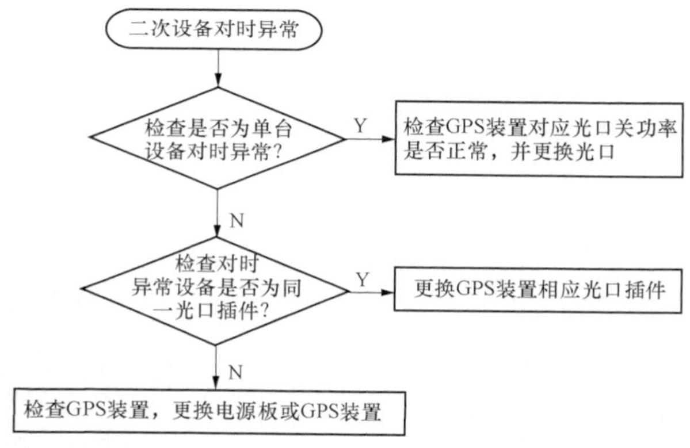

图7.27　二次设备失步或对时异常缺陷处理流程图

附录　智能变电站继电保护测试工具

1　测试工具简介

与常规变电站相比，智能变电站二次设备采用数字化通信方式，多数二次回路变得不可见，因此仅采用传统测试工具无法满足智能变电站二次设备检修的需求。

同时，智能变电站中仍存在部分常规的二次回路，因此传统的测试工具如继电保护测试仪、万用表、螺钉旋具、钳形电流表、绝缘电阻表、光功率计等仍适用于智能变电站，此处不再赘述，仅介绍适用于智能二次回测试要求的工具。

2　手持式光数字测试仪

手持式光数字测试仪是智能二次设备调试的重要工具，其优点有：体积小、质量轻，携带方便，内置锂电池供电，测试时不需要外接电源，使用方便，满足移动检修要求，功能丰富、智能化程度高、测试配置方便，能大大提高智能变电站现场测试效率，减轻测试人员劳动强度。其适用于智能变电站/数字化变电站合并单元、保护、测控、计量、智能终端等 IED 设备的快速简捷测试、遥信/遥测对点、光纤链路检查，以及智能变电站系统联调、安装调试、故障检修、IEC 61850 体系及相关技能培训。

2.1　面板说明

常见手持式光数字测试仪外形如附图 1、附图 2 所示。

附图 1　DM5000E 型手持光数字测试仪外形图

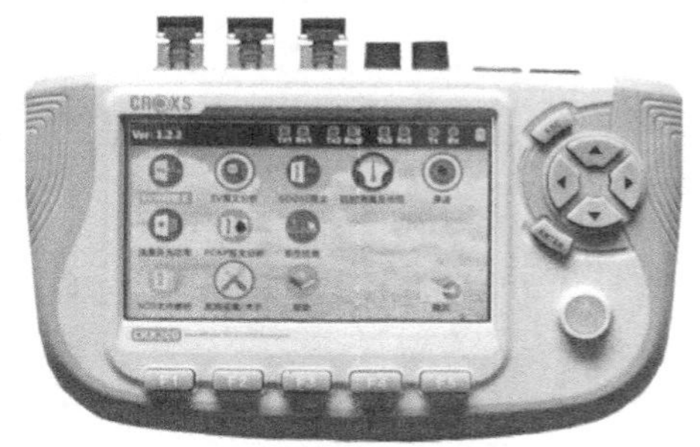

附图 2　CRX200 型手持式光数字测试仪外形图

2.2　功能说明

（1）提供电压、电流。支持给保护、测控、计量等装置施加电压、电流，测试保护/测控 IED 报文解析、通道配置、通信配置是否正确，适用于现场调试、系统联调、故障检修。

（2）SV 报文接收监测。实现波形、有效值、序量、双 AD、功率、谐波、丢帧统计、离散度等分析。可用于保护及合并单元零漂、交流量准确度检查，以及合并单元输出报文格式、合并单元延时、合并单元守时能力、合并单元输出 SV 报文时间均匀性、合并单元输出 SV 报文及是否存在丢帧、失步、品质位异常检查。

（3）GOOSE 报文接收监测。监测 GOOSE 通道实时变位、变位列表，可用于 GOOSE 发送机制测试，保护装置、智能终端检修压板投入检查，保护装置 GOOSE 输出虚端子检查。

（4）核相测试。支持电压、电流通道相位与相序核对，不同合并单元、变压器各测电压、电流核相。用于测试存在并列可能的两路电源核对相序、相位，线路送点对端带电时核相，或进行电压、电流相位比对。

（5）极性测试。支持经合并单元进行常规电磁式、光电式、电子式电流互感器极性测试，可测量保护绕组与测量绕组极性。

（6）保护功能测试。支持专用继电保护功能测试，具有距离保护、零序过流、零序方向、主变差动、主变零序、母线差动、过励磁、反时限、低压减载、低周减载、整组测试等功能模块，满足变电站现场及实验室环境下保护调试、定检及保护特性测试的需求。

（7）网络压力测试。支持压力数据流及电网业务数据流的混合输出，实现网络压力条件下保护动作特性的测试。其主要用于对 IED 设备进行全面的网络压力测试，验证 IED 设备的网络性能指标是否满足电网安全稳定运行要求。

（8）SCD 可视化。将全站配置文件进行图形化显示，可对 SCD 文件信息以全部、保护、合并单元、智能终端、其他五种类型显示。用于检查 SCD 配置文件是否正确，协助修改完善 SCD 配置文件。

（9）PCAP 解析/录波分析。可以对 PCAP 文件/COMTRADE 文件进行离线分析，支持 SV/GOOSE 报文的波形显示与分析（放大/缩小/全景显示）。

（10）GOOOSE 排查。接收所有 GOOSE 报文变位信号，显示通道描述、值变化及变位时间，支持现场 GOOSE 信号排查功能，可接入网络，实现试验时排查误变位、漏变位的 GOOSE 信号或控制块。

（11）时钟模拟。支持发送正向 IRIG-B 码、反向 IRIG-B 码、正向 PPS 码、反向 PPS 码，可用于给 IED 授时；在没有对时信号时，实现一台设备测试合并单元传输延时。

（12）串接侦听。串接入待测信号发送端和接收端之间，选择待测 SV、GOOSE 信号进行同步对比分析，检查品质位，检修位、同步位、采样率、合并单元延时等信息。在某些不确定场合，验证合并信号、继电保护测试仪输出报文格式和信号是否正确，接线是否正确，可串接与合并单元与保护，保护与智能终端之间，进行信号同步对比分析。

（13）智能终端。测试智能终端的响应时间，支持智能终端硬接点转 GOOSE 报文、GOOSE 报文转硬接点，以及跳合闸 GOOSE 报文转开关位置变化 GOOSE 报文的响应时间测试。

（14）光功率。光以太网口的光发送及接收功率测试，可用于光纤链路检查，在光纤链路的发送端接收校验有无信号，在光纤链路的接收端发送相应的 SV 或 GOOSE 信号，测量光信号光功率，定位光纤链路故障。可实现保护/测控至合并单元，保护/测控至智能终端，合并单元至交换机，交换机至网络记录分析装置光纤链路检查。

（15）整组测试。模拟电力系统中各种简单的单相接地、两相相间、两相接地和三相短路故障，包括瞬时性、永久性及转换性故障，模拟传动开关跳闸、重合等全过程。其主要用于测试距离、零序等保护的整组特性。

3　数字式继电保护测试仪

手持式光数字测试仪使用方便，但是在需要母差保护、主变保护、备自投、负荷转供装置等需要多间隔 SV、GOOSE 通信的测试时，3 个光口不够满足测试的需求，此时需要采用数字式继电保护测试仪进行测试。下面对数字式继电保护测试仪进行简单介绍。

3.1　面板说明

数字式继电保护测试仪的面板大致相同，在此仅作定性说明，如附图 3、附图 4 所示。不同型号的具体面板说明详见出厂时的硬件技术资料。

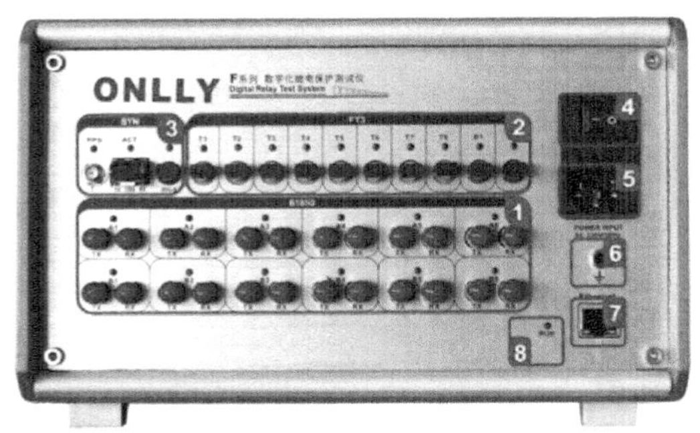

附图 3　F1210A 数字式继电保护测试仪前面板

1—光纤以太网接口；2—FT3 光纤接口；3—同步接口（SYN）；4—开关按钮；5—电源插口；6—接地端子；7—Ethernet 以太网通信接口；8—RUN 程序运行灯

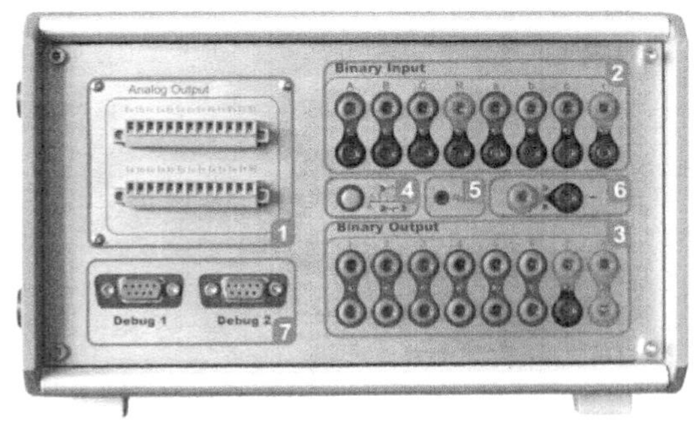

附图 4　F1210A 型光数字测试仪后面板

1—模拟小信号电压源输出端口 Analog Output；2—开入量（Bianry Input）；3—开出量 Bianry Output；4—6 个开入量黑色公共端控制开关（当绿灯亮时，表示 6 个公共端之间是相互隔离的；当红灯亮时，表示 6 个公共端之间是导通的）；5—复位开关（Reset）；6—快速开出量的辅助直流电压（AUXDC 100mA）；7—调试串口（Debug1、Debug2，仅供厂家调试使用）

注：模拟量与光纤数字量是同时输出。

3.2　功能说明

（1）整合光数字测试和小信号模拟量测试功能，并可外接电流电压功放。

（2）最多支持 10 个独立的 FT3 光纤接口（8 个输出，2 个输入），可同时输出多路符合 IEC 60044－7/8（FT3）规范的采样值（SMV）报文；支持同步/异步传输方式，支持多种传输速率；编码脉冲严格按标准 50：50 占空比输出，杜绝误码。

（3）最多支持 12 对独立的光纤以太网接口，可同时收发多路符合 IEC 61850-9-1、IEC 61850-9-2 规范的采样值（SMV）报文和 GOOSE 报文，采样点等间隔输出，完全满足国网的最新标准。

（4）支持 24 路独立的 SMV 通道映射（12U+12I），有效地解决了三卷变差动保护、备自投等装置的调试问题。

（5）可自动侦测光数字信号，实现对 SMV、GOOSE 信息的自动配置。

（6）具备虚端子测试功能。

（7）具有报文示波功能，可接收并解析符合 IEC 61850-9-1、IEC 61850-9-2 规范的采样值（SMV）报文和 GOOSE 报文，实现装置输出的自环测试；同时可接收合并单元或其他 IED 设备发出的光数字信号，实时显示其波形、幅值、角度和频率。

（8）具有报文录波和报文分析功能。

（9）支持多组 GOOSE 报文接收或发送。

（10）SMV 与 GOOSE 的收发光口可任意配置，既可配置为同光口收发，也可配置为独立收发。

（11）完整解析保护模型文件（ICD，CID，SCD 等文件），实现电流电压通道选择、比例系数、ASDU 数目、采样率、GOOSE 信息等的自动配置，简单方便地实现保护测试，提高工作效率。

（12）SMV 异常报文测试功能，可模拟丢帧、失步、飞点、错序、品质异常、错值测试、报文抖动等。

（13）GOOSE 异常报文测试功能，可模拟丢帧、错序、心跳时间异常、失步等。

（14）具有 GPS、IRIG-B、IEEE1588 同步对时功能。

（15）最多支持 24 路独立的模拟小信号输出，可兼容测试各种接受电子式互感器信号的保护；或者连接各种品牌的功率源，进行普通保护与数字化保护的对比测试。

（16）8 对开入量，6 对通用开出量，两对快速开出量，GOOSE 信息报文，实现保护的完整闭环测试。

（17）软件测试功能丰富，能够对线路保护、母线保护、变压器保护、发变组保护等各种微机保护装置以及备自投等装置进行测试。

（18）支持标准的 COMTRADE 格式波形回放。

4　合并单元测试仪

合并单元是智能变电站数字量采集的关键设备，其准确度决定了保护、测控等智能二次设备工作的准确性。可对合并单元准确度进行测试的仪器是合并单元测试仪。下面以 ONLLY - M783 型合并单元测试仪为例进行说明，如附图 5 所示。

4.1　面板说明

4.1.1　前面板

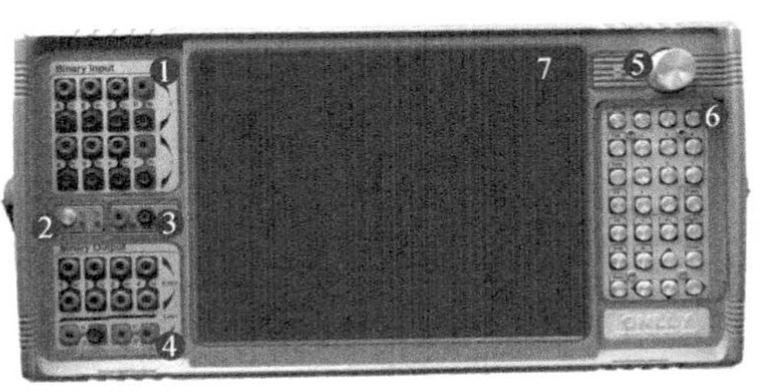

附图 5　ONLLY - M783 型合并单元测试仪前面板

①开入量（Bianry Input）。8 对开入量（A、B、C、R、a、b、c、r），可接空节点和带电位节点（0～250V）。

②开入量 A、B、C、a、b、c 黑色公共端控制开关。

切换开关，当绿灯亮时，表示 6 个黑色公共端之间是相互隔离的。

切换开关，当红灯亮时，表示 6 个黑色公共端之间是导通的，只需接其中任意一个即可。

③AUXDC 100mA。AUXDC 辅助直流输出电压（12V 左右）可作为快速开出量 4′的内部直流供电电源，限流为 100mA。

④开出量（Bianry Output）。

4 对通用开出量（1、2、3、4）是由继电器控制的开出量，为空节点。

2 对快速开出量（3′、4′）是由光耦控制的开出量，反应时间<10μs。

快速开出量 3′可以控制 5～220V 的电平信号，但流经光耦的电流不应大于 30mA，反向电压不应大于 6V。

快速开出量 4′可以输出或控制 12～48V 的电平信号。使用时需要与面板上的 AUXDC（100mA）配合。

开出量的断开、闭合的状态切换由软件控制。

⑤RUN 程序运行灯。

⑥键盘。

1、2、3、4、5、6、7、8、9、0、·：数字输入键。

+、-：数字输入键，作“+”、“-”号用。

←：退格键，用于数字输入时，退格删除前一个字符。

Enter：确认键。

←、→：左、右光标移动键。

↑、↓：可作为试验时增加、减小控制键使用，详见相应的测试软件。

Esc：取消键。

Tab ：右光标移动键。

F5：可作为轻/重载切换键。

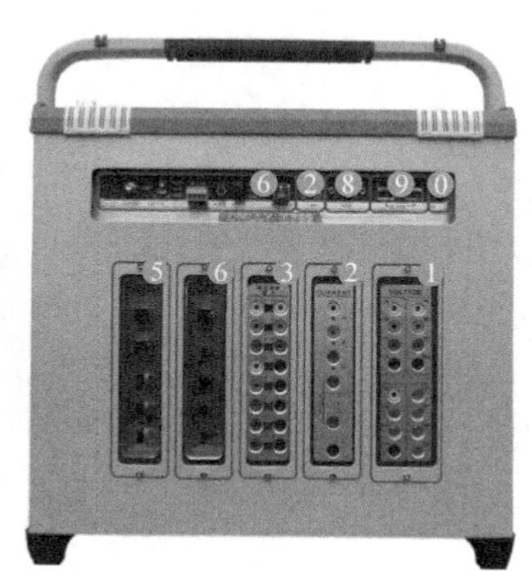

附图 6　上盖板

F10：“结束试验”的快捷键。

Start：“开始试验”的快捷键。

Help、PgUp、PgDn、F8：为预留按键，暂未定义使用。

⑦触摸屏：10.4 寸触摸屏，用于显示和操作测试仪。

4.1.2　上盖板（见附图 6）

①VOLTAGE 电压输出端口。

Ua、Ub、Uc、Ux 为内部功放电压输出端口，Un 为电压接地端子。

Ma、Mb、Mc 为小信号电压输出端口，Mn 为电压接地端子。

②CURRENT 电流输出端口。

Ia、Ib、Ic 为内部功放电流输出端口，In 为电流接地端子，I1，I2 为预留端子。

③ANALOG INPUT 模拟量输入。

SIa、SIb、SIc 电流采样输入端口，SUa、SUb、SUc 电压采样输入端口，SU1、SU2 模拟小信号输入端口。

④FIBER INPUT 光纤输入。

SV IN：SMV 光网口输入（可任意接收 9－1/9－2 的 SMV 或 GOOSE 报文），1 对，标准 LC 接口。

FT3 IN1、FT3 IN2：FT3 光串口输入（接收 FT3 报文），2 个，标准 ST 接口。

PPS（STD）IN1：标准 PPS 同步脉冲输入光串口，1 个，标准 ST 接口。

PPS IN2：被测合并单元 PPS 同步脉冲输入光串口，1 个，标准 ST 接口。

⑤FIBER OUTPUT 光纤输出。

SV OUT1、SV OUT2：SMV 光网口输出（可任意收发 9－1/9－2 的 SMV 或 GOOSE 报文），2 对，标准 LC 接口。

FT3 OUT1、FT3 OUT2、FT3 OUT3：FT3 光串口输出（发送 FT3 报文），3 个，标准 ST 接口。

⑥同步接口（SYN）与无线 Wi－Fi。

GPS－ANT：GPS 同步接口，接收天线装置（SMA 头）。

WiFi RST：无线 WiFi 复位按钮。

WiFi PWR：无线 WiFi 开关按钮，ON—开启无线 WiFi；OFF—关闭无线 WiFi。

电 B 码接口：电 B 码对时接口，TX 为电 B 码发送端口，RX 为电 B 码接收端口；接口类型凤凰端子。

光B码接口：光B码对时接口，TX为光B码发送端口，RX为光B码接收端口；接口类型ST接口。

IEEE1588接口：1588对时接口，接口类型为LC接口。

指示灯：

RUN—程序运行灯；

PPS—秒脉冲信号灯，当对时成功后，收到PPS信号，则PPS灯1s闪烁1次；

PPM—分脉冲信号灯，当对时成功后，收到PPM信号，则PPM灯会闪烁1次；

ATA IEEE-1588：1588对时信号灯，当收到信号，则点亮并闪烁；

RX IRIG-B：光B码接收信号灯，当收到光B码信号，则常亮；

TX IRIG-B：光B码输出信号灯，当输出光B码信号，则点亮并闪烁。

⑦LAN：以太网通信接口，用于与外接PC机通信，联机操作。

⑧VGA：外接显示屏接口。

⑨USB接口：4个，用于外接USB设备。

⑩RST：工控机复位开关Reset，用于复位工控机。

4.2 功能说明

（1）IEC 61850-9-1、IEC 61850-9-2（LE）、IEC 60044-8 FT3、国家电网公司FT3输出式合并单元的协议一致性测试。

（2）IEC 61850-9-1、IEC 61850-9-2（LE）、IEC 60044-8 FT3、国家电网公司FT3输出式合并单元的暂态校验。

（3）合并单元模拟量转换的准确度测试。

（4）合并单元输出的谐波分析。

（5）合并单元绝对延时时间测试。

(6) 合并单元发送报文的时间抖动特性测试。

(7) 合并单元发送报文的丢包数及丢包率统计。

(8) 合并单元电压电流同步性测试。

(9) 合并单元自检及错误标处理机制测试。

(10) 合并单元输出录波。

(11) 可对电子式TA各项参数进行测量。

(12) 内置4路电压(0～125V),3路电流(0～40A/0～6A)可调模拟量标准源,电流可三相并联输出120A;内置3路小信号弱模信号输出(DC:－10V～＋10V,AC:0～7.07V)。

(13) 电流电压相位核对。

(14) 传统保护装置测试调试。

(15) 智能变电站保护装置测试调试。

(16) 内置GPS接收装置。

(17) 支持IRIG-B、IEEE 1588对时。

(18) 对时误差测量。

(19) 守时误差测量。

(20) 光接口功率测试。

(21) SCD文件的解析及图形化显示。

(22) GOOSE状态监视。

(23) 自动生成测试报告。

(24) 三相电压、三相电流同时测试,同时出三相测试结果。一次接线,中途不需要任何改线。

(25) 可以测试合并单元三相之间的角度差。

(26) 可作为录波分析仪使用。

4.3 测试配置

将测试仪配置为信号源（也可采用外部标准源）输出时，其测试系统功能配置图如附图 7 所示。

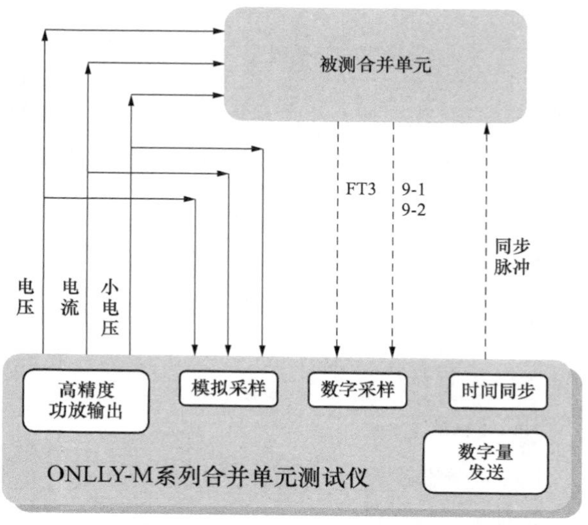

附图 7　功能配置图

结 束 语

从试点建设，到全面推广应用，再到新一代智能变电站投运，国家电网公司在智能变电站设计创新、设备发展的趋向引导、设计标准制定、工程施工等方面已取得了阶段性的成果，总体水平大幅提升。根据国家电网调〔2017〕458号文件，今后智能变电站要进一步向着设备高度集成、系统深度整合、结构更加开放、功能更加智能的方向发展，开展系统高度集成、结构布局合理、装备先进适用、经济节能环保、支撑调控一体的智能变电站建设。

1. 构建继电保护技术新体系，推动智能变电站技术进步

开展以“采样数字化、保护就地化、元件保护专网化、信息共享化”为特征的继电保护技术顶层设计、关键软硬件技术和检修运行技术研究，构建适应新一代智能变电站电子式互感器接入、满足继电保护“四性”要求、不依赖SCD文件配置的继电保护体系，推动智能变电站技术进步。

2. 研究继电保护设备运行统计分析技术，提升运行管理水平

利用设备身份识别代码，研究数据自动采集和智能录入技术，实现基于大数据的保护信息存储、处理和统计分析。研究基于身份识别的全寿命周期管理、状态评估、精益化评价的继电保护运行管理技术。创新继电保护统计分析技术，提升继电保护运行管理精益化水平。

3. 应用物联网和移动互联网技术，构建智能化运行检修体系

利用物联网和移动互联网等技术，推动在运智能变电站继电保护运行检修技术创新和模式变革。研究以信息化装备、自动化巡视、智能化检修为特征的智能运行检修体系，实现由传统装备向信息装备、由人工巡视向自动巡视、由经验检修向智能检修的跨越。

4. 研究保护在线监视与智能诊断技术，提升支撑调控能力

研究保护在线监视与智能诊断技术，采集、处理、上送全站继电保护信息，实现电网事故快速分析、二次设备实景展示、设备状态智能诊断，全面支撑调控一体化。

5. 开展前瞻性技术研究，满足未来电网发展需要

针对电网可再生能源大规模接入、电力电子化特征日趋凸显、半波长及超导等新型输电方式应用研究，开展适应分布式电源接入的快速保护、柔性交流输电设备保护、故障暂态量保护、半波长输电保护等前瞻性技术研究，不断提升继电保护技术水平，以满足未来电网发展的安全稳定要求。

参　考　文　献

[1] 刘振亚．智能电网技术［M］．北京：中国电力出版社，2010.

[2] 刘振亚．智能电网知识读本［M］．北京：中国电力出版社，2010.

[3] 刘振亚．智能电网知识问答［M］．北京：中国电力出版社，2010.

[4] 国家电力调度控制中心，国网浙江省电力公司．智能变电站继电保护技术问答［M］．北京：中国电力出版社，2014.

[5] 樊陈，倪益民，申洪，等．中欧智能变电站发展的对比分析［J］．电力系统自动化，2015，39（16），1-7，15.

[6] 陈国平，王德林，裘愉涛，等．继电保护面临的挑战与展望［J］．电力系统自动化，2017，41（16），1-11，26.

[7] 王天锷，潘丽丽．智能变电站二次系统调试技术［M］．北京：中国电力出版社，2012.

[8] 裘愉涛，袁凌光，王一，等．浙江电网220kV及以上交流保护十年运行状况综述［J］．浙江电力，2017，36（9），1-7.

[9] 蔡骥然，郑永康，周振宇，等．智能变电站二次设备状态监测研究综述［J］．电力系统保护与控制，2016，44（6），148-154.

[10] 庞福滨，杨毅，袁宇波，等．智能变电站保护动作时间延时特性研究［J］．电力系统保护与控制，2016，44（15），86-92.

[11] 张旭升，李江林，赵国喜，等．智能变电站二次安措防误系统研究与应用［J］．电力系统保护与控制，2016，45（11），141-146.

[12] 胡绍谦，李力，朱晓彤，等．提高智能变电站自动化系统工程实施效率的思路与实践［J］．电力系统自动化，2017，41（17），173-180.

[13] 卜强生，高磊，闫志伟，等．智能变电站继电保护软压板防误操作策略及实现［J］．电力自动化设备，2016，36（12），156-160，168.

[14] 刘海峰，肖繁，赵永生，等．智能变电站集中式站域保护系统的可靠性分析［J］．电力

自动化设备，2016，36 (4)，157-164.

[15] 安永帅，李刚，樊占峰，等．新一代智能变电站控制保护一体化智能终端研究与开发 [J]．电力系统保护与控制，2017，45 (8)，138-146.

[16] 林治．智能变电站二次系统原理与现场实用技术 [M]．北京：中国电力出版社，2016.